煤基复混肥与菌肥配施对土壤性状及玉米生长的影响

郭汉清　著

中国农业大学出版社
·北京·

内 容 简 介

本书结合国内外有机无机复混肥研究进展，利用粉煤灰、煤泥和风化煤等工矿区固体废弃物为基本原料，与尿素、氯化钾和磷肥等化肥进行复混，研制并生产了煤基复混肥。在此基础上，通过单施煤基复混肥及其与菌肥配施等方式，分别在复垦区和熟土区进行了大田试验，系统研究了不同施肥处理对土壤肥力、土壤生物性状、作物生长、产量品质及水肥利用效率等的影响，以期揭示煤基复混肥及其与菌肥配施对作物生长和土壤性状的影响机理，并为煤基复混肥各组分调整以及扩大煤基复混肥在实践生产中的应用提供参考。

图书在版编目(CIP)数据

煤基复混肥与菌肥配施对土壤性状及玉米生长的影响/郭汉清著.—北京：中国农业大学出版社，2016.5

ISBN 978-7-5655-1574-3

Ⅰ.①煤… Ⅱ.①郭… Ⅲ.①混合肥料-细菌肥料-影响-土壤肥力-研究 ②混合肥料-细菌肥料-影响-玉米-植物生长-研究 Ⅳ.①S158 ②S513

中国版本图书馆 CIP 数据核字(2016)第 103886 号

书　　名 煤基复混肥与菌肥配施对土壤性状及玉米生长的影响

作　　者 郭汉清 著

策划编辑 梁爱荣　　**责任编辑** 梁爱荣

封面设计 郑 川　　**责任校对** 王晓凤

出版发行 中国农业大学出版社

社　　址 北京市海淀区圆明园西路 2 号　　**邮政编码** 100193

电　　话 发行部 010-62818525，8625　　读者服务部 010-62732336

编辑部 010-62732617，2618　　出 版 部 010-62733440

网　　址 http://www.cau.edu.cn/caup　　**E-mail** cbsszs @ cau.edu.cn

经　　销 新华书店

印　　刷 涿州市星河印刷有限公司

版　　次 2016 年 5 月第 1 版　2016 年 5 月第 1 次印刷

规　　格 787×1 092　16 开本　11.25 印张　205 千字

定　　价 30.00 元

本书在“工矿废弃地生态系统恢复与重建关键技术研究与示范（项目编号:20121101009）”支持下完成

前　言

工矿区固体废弃物是指在工矿区生产、生活和其他活动中产生的，在当前经济技术条件下难以利用的固态物质。由于国民经济和社会发展的需要，对自然资源的开发利用强度越来越大。与此同时，大量的固体废弃物产生且得不到有效利用，许多固体废弃物只是经过简单处理甚至没有处理就被随意丢弃或排放到自然环境中，由此占用了大量的土地资源，导致周边生态环境（土壤、水体和大气环境）污染加剧。同时，大量的工矿区废弃物堆存或待处理也会制约工矿企业的发展，加剧矿区人地矛盾，威胁到周边人居环境的安全。因此，实现工矿区固体废弃物的无公害和资源化利用是学界所共同面临的课题。

本书以工矿区固体废弃物农业资源化利用研究为目的，将理论研究与实践相结合，以空间换取时间的方法，在复垦区和长期耕作区同时进行试验研究，主要包含煤基复混肥对土壤化学、生物学、玉米生长和水肥利用效率的影响研究。全书共分 8 章。第 1 章介绍了土地复垦和土壤培肥的国内外进展及土壤微生物多样性研究的现状。第 2 章说明了煤基复混肥在复垦区和长期耕作区的试验研究设计、供试材料及研究方法。第 3 章主要研究分析了煤基复混肥的研制过程。第 4 章至第 7 章分别研究分析了煤基复混肥与生物菌肥进行配施对复垦土壤和长期耕作土壤的化学性状、微生物性状、玉米生长和产量、作物水肥利用的影响。第 8 章对研究进行了总结，并对本研究所涉方向和范围进行了展望。

本书所涉研究内容较多，外业和内业工作量较为繁重。为此特别感谢山西农业大学资源环境学院洪坚平教授、谢英荷教授对本研究的全程指导；感谢卜玉山教授、王宏富教授、郝建平教授对试验设计、分析项目的确定进行的指导；感谢南宏伟博士对本书撰写、数据处理等方面的帮助；感谢冯两蕊老师、张小红老师、孟会生老师、梁利宝老师、李廷亮老师和白秀梅老师提供的帮助。感谢山西省农业科学院实验基地和古交市复垦区实验基地为本研究开展提供的帮助。另外，本研究过程中许多研究生和本科生付出了辛勤的劳动，在此一并致谢。

作者从 2009 年开始进行工矿区固体废弃物农业资源化利用研究，限于学术水平，研究深度尚需挖掘，且对研究中所涉科学问题的解释和分析存在诸多不足，书中漏洞或错误在所难免，恳请读者批评指正。

郭汉清

于山西农业大学

2016 年 2 月

目　录

1　土地复垦研究概述

1.1　工矿区土地复垦研究背景

在“人口—资源—环境”系统中，土壤资源处于基础地位。农业土壤资源减少及其土壤质量下降严重威胁我国的粮食安全、生态安全和居民健康，也给我国的可持续发展带来巨大挑战。矿产资源开发是我国经济发展社会进步的重要支撑，资料表明，2012 年我国万元 GDP 能源消费量为 0.76 t 标准煤。煤炭的生产和消费在矿产资源中占有很大比例(图 1-1 和图 1-2)。与此同时，矿产资源开采也给矿区及周边的自然环境和生态系统带来严重破坏，尤其是对土地资源的破坏。资料表明，我国煤矿开采对土地资源的破坏比例最大，且每年以 4 万 hm^2 的速度增加，而这些被破坏的土地复垦率不足 15%。由于煤炭资源与耕地分布呈复合或重叠态势，其区域面积占我国耕地总量的 40%，这一现状加剧了我国人均土地不足、粮食安全生产的压力大等矛盾(胡振琪，2006)。据估算，历年来我国因各种生产建设项目遗留的废弃地达 2 亿亩。一些新建的生产建设项目仍在不断损毁土地。土地复垦与生态重建已成为确保 18 亿亩耕地的主要潜力之一，成为解决失地农民就业、缓解工农矛盾、实现城乡用地增加挂钩、发展现代农业最重要的保障措施之一(白

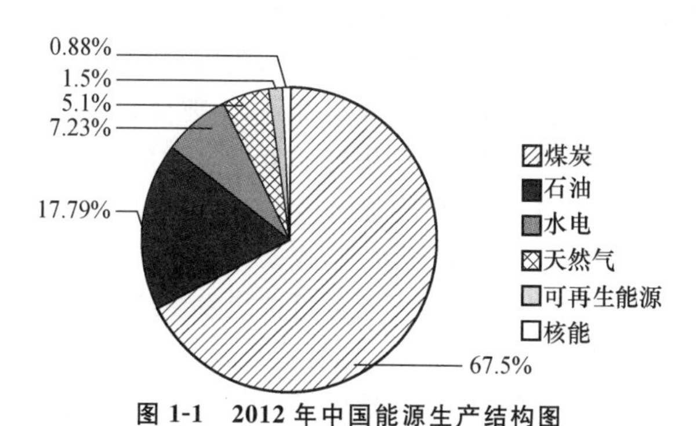

图 1-1　2012 年中国能源生产结构图

Fig. 1-1　The structure of energy production

数据来源：2013 年中国能源统计年鉴

中科，2010）。总之，矿山开采破坏环境、挤占耕地，诱发严重的社会问题。近几十年来，矿山废弃地土地复垦和生态恢复一直是跨学科研究热点（魏远，2012）。

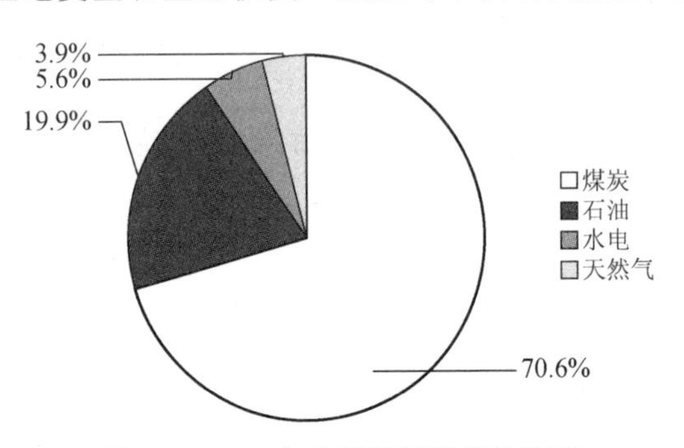

图 1-2 2012 年中国能源消费结构图

Fig. 1-2 The structure of energy consumption

1.2 工矿区复垦土地研究进展

1.2.1 国内土地复垦研究进展

1.2.1.1 国内土地复垦研究历程

我国土地复垦根据其发展历程和各个历程的主要特点大约分为三个阶段。

第一个阶段为 20 世纪 50 年代至 80 年代。我国对煤矿或其他矿山的土地复垦起源于 20 世纪 50 年代，当时只是少数矿山或单位出于矿区土地紧缺，自发组织进行了零星土地复垦工作。由于当时对于土地复垦工作无先例可循，只是部分企业自发组织和实施的较小规模的工作。事实上，我国在 20 世纪 80 年代前，土地复垦的技术和管理粗放，加之没有统一的复垦标准，主要由企业或职工将其复垦为耕地，因此，截至 20 世纪 80 年代初期，全国开展复垦工作的矿山企业不足 1%，已复垦利用的土地不到被破坏土地的 1%（黄铭洪，2003）。

第二个阶段为 20 世纪 80 年代至 90 年代初。到了 20 世纪 80 年代，既要满足当代人的需要，又不损害后代人利益发展的可持续发展理论在人均资源不足、生态环境薄弱这一现状下提出。我国对于土地复垦开展了矿区的生态环境及可持续发展为主要理念的理论探索和实践。1988 年颁布《土地复垦规定》和 1989 年颁布《中华人民共和国环境保护法》，标志着我国土地复垦事业从自发、零散状态进入有组织的修复治理阶段（魏远，2012）。这一阶段，土地复垦的技术主要是表土剥离、裂缝充填、人工造地，复垦目标为耕地或林草地等方面。与第一阶段相比，从技术上讲，二者采用的复垦措施都比较单一，且没有显著的差异。从复垦目标上讲，第一阶段复垦目标单一为农业耕作，第二阶段调整为优先农用。第二阶段与第一阶段的主要差别在于国家、政府逐渐重视土地复垦工作，并出台了相关的政策法规，部分科研院所也因此开始在项目支持下较多地开展土地复垦的理论研究和实践探索，其中生态演替理论的提出和实施在矿山废弃地土地复垦和生态恢复等方面有重要意义，该理论以人为干预等手段促进矿山废弃地的生态恢复，可使演替的时间缩短。

第三阶段为20世纪90年代末至今。由于生物学、生态学、土壤学和计算机等高新技术的引入和应用，我国对于土地复垦的技术和手段逐渐多样，复垦目标也强调要因地制宜、农林牧等协调发展。其中1999年1月1日生效的《中华人民共和国土地管理法》有力推动了土地复垦工作。相关的《全国土地开发整理规划》、《土地开发整理规划编制规程》、《土地开发整理项目规划设计规范》等的颁布使土地复垦工作有章可循。由于法律法规体系、土地复垦理论体系的逐步建立，我国矿山治理工作取得较大进展，废弃地复垦系数从5%提高到了12%（石书静，2010）。

1.2.1.2 国内土地复垦研究进展

1. 土地复垦法规和制度的研究

1989年1月1日生效实施的国务院《土地复垦规定》，标志着我国土地复垦开始走上法制的轨道（李广信，2008）。1999年初生效的《中华人民共和国土地管理法》有力推动了土地复垦工作。2011年国务院颁布的《土地复垦条例》明确规定对生产建设活动和自然灾害损毁的土地要采取整治措施，使其达到可利用状态。与此同时，对矿区土地复垦的保证金制度（崔爱玲，2009）、复垦监管制度（贺振伟，2012；申梦思，2012）、公众参与制度等研究也开始实施（张弘等，2013；罗明2013），较为明显地推动了土地复垦工作在全国范围内展开。但是，由于我国土地复垦法律法规在制定中存在法律价值体现不足、法律内容不完备、法律形式不合理等问题，在复垦监管过程中也存在可操作性不强、配套措施欠缺、监督不到位等现象。因此，如何建构和完善我国矿区土地复垦法律体系还有待不断地研究、论证和探索（张乐，2010）。

2. 土地复垦技术和模式研究

近年来，在引进参考国外先进土地复垦技术的同时，我国也在复垦措施方面不断推陈出新，表现在宏观技术和微观技术共同结合应用。除传统的表土剥离技术、土壤重构技术、植被恢复技术研究外，一些新技术如微生物技术、生物化学技术、计算机技术等也开始广泛应用。

接种微生物对煤矿废弃物有较为明显的改善效果(毕银丽,2006)。在不同施肥水平下,菌肥与化肥配施对复垦土壤酶活性及微生物量碳、氮有显著提高作用(梁利宝,2010;秦俊梅,2014)。施肥和土壤管理对土壤微生物量碳、氮和群落结构的变化有显著影响(毕明丽,2010)。不同土地利用方式对微生物量碳、氮有较大影响(赵先丽,2010)。

当前在土地复垦管理中,计算机技术应用逐渐广泛和深入。运用 GIS 空间叠加法从复垦类型空间分布、总体数量结构和复垦效益等方面对矿区土地复垦类型进行划分,可因地制宜实现矿区复垦土壤的有效管理(王占军,2014)。苏尚军(2011)运用“3S”技术,分析总结了国内外近 20 年来工矿区土地复垦信息化管理的发展状况,相应指出我国土地复垦管理体制、机制及技术规范中存在的问题,并建议尽可能提高计算机技术在工矿区土地复垦工作中的智能化、便捷化。

土地复垦模式的研究也较早地引起人们的关注,并主要集中于生态化复垦模式、产学研用模式和复垦项目管理模式等的研究(王金满,2010;白中科,2001)。潞安煤矿是我国大型煤炭生产基地之一,矿区土地复垦工作开展也较有特色。潞安矿区目前主要采用工程复垦模式进行土地复垦,其中工程复垦模式主要是利用粉煤灰、煤矸石作为沉陷区的充填材料,而非充填工程复垦模式则采用平整土地、疏排降和挖深垫浅等模式。两种方式对土地复垦均有一定现实意义,但是缺点也比较明显,如充填工程复垦模式因土壤的酸碱性过大、充填物中的有害物质含量较高等问题而不利于植物的生长;非充填复垦模式则由于土地平整或复垦后的土壤理化性状较差,土壤的保水、保肥能力较差,从而也会影响到复垦土地的使用效果(李晓,2011)。1986 年以来,山西农业大学矿区土地复垦与生态重建课题组采用产学研等方式,与国内外多家科研院所和科研人员进行联合攻关,并将研究的阶段性成果应用于 25 项有关工矿企业土地复垦标准的制定和科技开发中。为整体推进山西省乃至黄土高原采矿废弃地的生态系统重建和可持续利用做出了较充足的技术储备(白中科,2004)。

3. 土地复垦效益研究

土地复垦的效益是人们一直关注的热点,在理论研究和实践探索中主要体现在复垦的经济效益、社会效益、生态效益以及复垦土壤质量的演变等方面。

史江涛(2013)以山西省某煤矿土地复垦为案例,从经济效益、社会效益和生态效益进行综合分析比较后,认为土地复垦给矿区带来的综合效益体现在多个方面,如土地复垦可为土地的再利用带来农业产值,且通过土地复垦可以减少矿方征地面积,从而节约了经济成本。由于土地复垦可以获得一定面积的林地、旱耕地、园地和牧草地,因此可以产生相应的经济效益。通过土地复垦,可以增加矿区生物多样性，改善矿区空气质量，减少矿区的水土流失，由此获得明显的生态效益。矿区通过土地复垦，增加了新的就业机会，并且提高了公众对环境治理的满意度，由此获得较好的社会效益。章如芹(2013)通过选取多个参数，建立土壤质量评价体系，并对煤矸石复垦区的复垦效果进行评价后发现，复垦土壤质量在复垦3年后，就可达到正常农田对应层次的90%这一水平，表明合理的复垦方式对复垦土壤质量有良好效果。

吴迪(2014)通过分析计算煤炭开采导致的外部性损失以及复垦后的隐性效益，指出土地复垦不仅可以提高耕地质量，还可对环境、社会等具有正外部性影响。采用灰色关联分析方法对湖南省邵阳市5个土地复垦项目的研究表明，5个项目的耕地质量差异主要体现在生产力指标方面，农田基本建设对提高耕地的综合质量较为有利(吕焕哲，2009)。在马家塔露天矿复垦土壤长期监测表明，不同的复垦年限、不同的树种对于土壤质量的影响有明显差异(孙海运，2008)。

4. 土地复垦监测与评价研究

土地复垦监测是土地复垦监管的主要内容，是一项涉及多因子、多时段、多任务的系统性工作。目前，土地复垦监管仍处于探索阶段。由于土地复垦的多维性、长期性和复杂性的特点，尚有许多亟待解决的问题(周伟，2012)。在大力推行土地复垦工作的同时，现阶段需要加强土地复垦监管工作中的信息化管理，实现土地复垦监管指标体系的构建，严格管控复垦资金并创新土地复垦监管体制、制度以及工程管理方式(贺振伟，2012)。

对于土地复垦的评价研究主要体现在两个方面，一是评价理论研究，即注重评价标准、评价指标体系、评价方法、评价规则等；二是专项评价研究，即对复垦土地适宜性评价、复垦效益评价等。郄瑞卿(2014)运用灰色系统理论，构建了岩矿山复垦效益综合评价模型，并对吉林省磐石地区3个典型矿山进行了效益评价。杨大兵(2011)采用Arc Engine等软件技术，对土地复垦适宜性评价等4个模型进行了集成，并开发了采煤塌陷区土地复垦评价系统，从而实现了塌陷区土地信息的网络化、信息化管理，具有地图操作、地表变形分析、土方量计算、复垦适宜性评价、复垦效益分析等功能。王世东(2012)在整合现有极限条件法、指数和法等若干方法的基础上，提出了一种新的极限综合评价法，并将该方法应用于鹤壁市第八煤矿的土地复垦工作中，结果认为新方法比传统的评价方法有更好的适用性，且操作简单，得出的评价结论更加合理。

1.2.2 国外土地复垦研究进展

1.2.2.1 国外土地复垦研究简述

根据其发展特点，国外土地复垦研究历程分为四个主要时段。①20 世纪 30 年代前，土地复垦处于萌芽阶段。人们认识到土地复垦的重要性，复垦以农业用地为主，对污染土地或废弃地进行覆土，这一阶段相关的理论研究较少。②20 世纪 30 年代至 70 年代，在土地复垦概念提出后，土地复垦越来越受到重视，采用的技术手段主要为土地平整、裂缝充填和表土剥离，复垦目标主要集中在农业和林业方面，并以经济利用为主。同时有关土地复垦研究也开始进行。③20 世纪 70 年代末至 80 年代末，这一阶段理论研究开始活跃，土地复垦工作步入正轨，相关的土地复垦理论体系初步建立，一些国家通过立法来推动土地复垦的规范性。与上一阶段相比，这一阶段土地复垦目标以景观构造为主，并从以林业、农业利用为主拓展到了牧业、渔业和旅游业等方面(Hamby D M，1996；Krystyna M S，1995)。④20 世纪 90 年代以来，国外的土地复垦理论体系逐步完善，而且土地复垦技术多样化，除了使用传统的矸石回填、土壤重构、表土剥离等技术，还引入了生物技术、化学技术以及计算机技术。在可持续发展理论指导下，以生态复垦、可持续发展为导向的混合复垦模式开始盛行(Ashton M S，2001)。

1.2.2.2 国外土地复垦工作研究现状

美国土地复垦管理工作在全球范围内处于领先地位，由此给其他国家的矿山土地复垦工作提供了众多借鉴(胡振琪，2001)。其主要经验为：①制定了严格的土地复垦法规和政策，在统一的土地复垦法律《露天采矿管理与恢复(复垦)法》指导下，矿山开采和土地复垦两手一起抓。根据规定，《复垦法》颁布前的废弃矿区由国家筹集资金进行复垦，《复垦法》颁布后的废弃矿区复垦按照“谁破坏、谁复垦”的原则进行，复垦率要求达到 100%。美国的废弃矿区土地复垦率在 2003 年已达到 85%，远高于我国的同期复垦率 12%(高晴，2003)。②建立了完善的管理体制，美国矿山的土地复垦管理工作主要由内政部组织，矿业局、土地局和环保局参与，通过严格落实开采许可证制度，建立有效的复垦保证金制度，制定出详细的复垦验收标准，从而调动企业采用先进复垦技术的积极性(Kuipers J R，2000)。

德国煤炭矿山土地复垦管理也非常先进，其一体现在法律法规和政策方面，《联邦矿产法》对矿山开采过程中涉及相关单位和个人的责、权、利进行了详细的规定，在《联邦自然保护法》等相关法律的共同作用下，矿山土地复垦和生态重建具有坚实的法律保障。其二体现在制度方面，德国政府通过区域发展总体规划和采煤

(褐煤)规划建立相关控制体系,将企业的开采行为纳入该控制体系,要求采矿企业在作业之前编制企业规划,其中严格要求企业对自己行为进行详细描述,开采结束后应对矿山采取恢复治理措施。其三体现在技术方面,德国政府要求土地复垦工作开展不仅是简单的土地平整和绿化等,而且要求企业从整体布局考虑,实现区域总体的动态生物平衡,从而满足当地居民生产生活需要(金丹,2009)。

英国1949年就对土地复垦进行立法,法律授权地方政府恢复因采矿破坏的土地环境。1951年,英国的《矿物开采法》要求必须有专项资金用于因地面开采导致荒地的复原工作;1969年,英国颁布了《矿山采矿场法》,要求矿业主采矿时就必须规划好采后复垦和管理工作,并要求按农业或林业复垦标准对废弃地进行复垦。1980年,英国实施"弃用地拨款方案",为土地复垦提供资金支持。1990年,英国颁布了《环境保护法》,该法首次将污染行为界定为犯罪,并出台了土地复垦抵押金制度。

澳大利亚实行政府出资复垦制度、全程公众参与制度、复垦保证金与复垦效果挂钩制度等各种制度。通过制度约束,将国家、企业和公众的利益有效地结合在一起,从而推动了该国的土地复垦工作(Cobby G,2006)。

另外,法国在1963年推出《区域规划法》,提出对废弃矸石的综合处理意见和土地利用政策,为土地复垦工作的开展提供了法律保障。俄罗斯、加纳、菲律宾和巴西等国也根据国情出台了与土地复垦相关的法律法规以及复垦保证金制度,通过政府设定企业进行资源开采的准入和准出制度、市场适当进行调节,促进企业开发先进技术措施,从法律、制度和市场等方面推动土地复垦工作顺利进行(Lottermoser B G,2009;Juwarkar A A,2006;Krolikowska K,2009)。

1.3 土壤培肥研究进展

1.3.1 国内土壤培肥研究进展

1.3.1.1 无机肥施用对土壤培肥的研究

无机肥施用(氮肥和磷肥)对露天煤矿复垦土壤活性有机碳含量增加具有促进作用,且能降低土壤碳库顽固性指数(范继香等,2012)。单施无机肥对茶园土壤微生物生长和酶活性提高有不利影响,从而不利于维持茶园土壤生态系统的稳定性(林新坚等,2013)。黑土区试验研究表明,长期施用无机肥并不能明显改善土壤养分状况,还会对土壤微生物活动形成抑制作用(白震等,2008)。吉林省农科院30年定位培肥试验表明,单施化肥区耕层土壤全N和有机质含量降低严重、容重呈增加趋势，结果使土壤孔隙度降低，玉米产量也较有机无机复混肥施用时低（朱平等，2009）。长期施用N、P、K化肥，土壤氮素净矿化量显著降低（赵伟等，2015）。由于无机肥的施用，尤其是长期施用导致土壤酸化或板结，有机质含量下降，对作物产量提高作用有限，因此目前在实践中并不主张单施无机肥进行土壤改良或土壤培肥。

1.3.1.2 有机肥施用对土壤培肥的研究

采用有机肥培肥土壤在我国历史较为悠久。任顺荣（2012）研究指出，有机肥施用对宅基地土壤肥力提高具有明显效果，尤其是高量有机肥能大幅提高土壤有机质和全氮的含量，土壤速效养分如水解氮、速效磷、速效钾含量显著增加。长期施用蘑菇料对复垦土壤物理性状有显著影响，表现为土壤质地有效改善，团粒结构增强，土壤蓄水保肥能力提高，但同时也会因蘑菇料的分解导致土壤密实度增大，不利于土壤通气透水（李兵，2010）。有机肥因其肥效较慢，往往在实践中与化肥配施来满足作物肥料需求。研究表明，与单施化肥相比，有机肥与化肥配施可增加小麦产量，并改善小麦籽粒品质（张春，2007）。有机肥与化肥配施对小麦生长有较大影响，当化肥与有机肥的施用比例为6∶4时，小麦产量达到最大，小麦产量性状等指标均随有机肥施用量的增加而增大（王允青，2008）。硝基复合肥中硝态氮的含量由2%增加至4%时，玉米苗期的株高、茎粗等7项指标均有所增加；进一步增加为6%时，玉米的各项指标变化却并不显著（陈海宁，2014）。有机肥与无机肥长期配施，可显著提高土壤氮素矿化量和作物吸收量，同时还显著提高残留肥料氮的利用率（赵伟，2015）。

1.3.1.3 有机无机复混肥施用对土壤培肥的研究

有机无机复混肥具有富含有机质和提高N、P、K吸收效率等特点，在养分供应上可实现养分的纵向平衡（作物整个生育期的不同阶段）和横向平衡（不同营养元素之间）与作物生长需求相适应的目标（张熙，2014；王建英，2014）。

1. 有机无机复混肥原料来源简述

当前，对于有机无机复混肥的植被原料逐渐多元化，主要集中在以下两个方面（曾庆利，2009）。

(1)作物性残体。我国每年农作物收获会产生大量作物秸秆作物残体（钟华平，2003）。苏丽影（2013）以玉米秸秆作为基质并添加30%沸石时，发现茄子幼苗长势良好。利用芋头、玉米秸秆进行堆肥处理对番茄的植株干物质积累、产量、品质等方面优于传统施肥处理（王晓凤，2011）。麦秆、油菜秆还田可以折减施钾肥用量（李逢雨，2009）。稻秆还田后可减弱硝态氮淋失对水稻的生殖生长有利，产量得以增加(王永生,2011)。另外棉秆、花生壳等作物残体类废弃物面广量大,价格低廉,均可成为有机无机复混肥产品的原材料,而且会获得更好的肥效和效益(王江丽,2009;赵永英,2003;张娟等,2004)。

(2)畜禽粪便。随着畜禽养殖业的迅速发展,资源化利用禽畜粪便成为污染防治的核心内容(杨朝飞,2001)。利用腐熟猪粪、鸡粪研究表明在低肥力土壤上可明显促进玉米生长(黄懿梅,2005)。但是,由于畜禽粪便往往含有重金属,长期施肥可能对土壤或作物体内重金属含量、形态和有效性具有较大的影响;因此需要从源头上控制重金属进入农田的数量,指导安全施肥和保证农产品质量安全(王美,2014)。

2. 有机无机复混肥施用效果

有机无机复混肥施用主要作用体现在以下几个方面:

(1)对土壤理化性状的影响。施用复混肥对土壤理化性状有较大影响。研究表明,施用复混肥可显著改善平朔露天矿区复垦农用地土壤理化性状(曹银贵,2013)。有机无机复混肥与石膏配施对提高苏北地区滨海盐渍土肥力效果较好(王晓洋,2013)。复混肥中的N、P、K淋洗累积量呈“S”形曲线,氮素硝化作用前期较弱,后期较强(王家顺,2010)。城市垃圾堆肥处理对高羊茅的生长指标均有较大影响,且可改善土壤性质,增加土壤肥力(付学琴,2012)。在露天煤矿复垦区施用风化煤并种植冰草和刺槐后能有效改善土壤理化性质,且随风化煤施用时间的延长,土壤理化性状的改变愈加明显(李永青,2009)。

(2)对作物生长的影响。复混肥施用对矿区树木生长促进作用较单一肥料施用效果更好(刘慧辉,2008)。猪粪堆肥与化肥不同配施方式均能显著影响不同生育期水稻地上部养分累积量,并在总施氮量比单施化肥减少10%～15%的情况下,也能保证养分累积并满足苏南地区水稻的生产需求(哈丽哈什·依巴提,2013)。施用不同有机肥或有机无机复混肥均可促进大田草莓氮素吸收、提高氮素积累速率,并对促进草莓生长发育和提高草莓果实产量有更好效果(赖涛,2006)。施用生物复混肥可以显著提高土壤有效N、P、K含量,并显著提高玉米和油麦菜的N、P、K吸收量及玉米的生物量(赵兰凤,2009)。

(3)对水分利用和肥料利用效率的影响。复垦土壤施用有机无机复混肥均可不同程度上促进植物生长和改善土壤结构;提高土壤的养分含量,并对土壤酶活性有显著影响(王晓玲,2014)。有机无机复合肥的不同施用量对冬小麦水肥利用有较大的影响,其最佳施肥量随灌水量增加而增大(周立峰,2011)。施用有机无机复混肥后,水稻产量可比施用无机肥提高9.5%～17.4%(田亨达,2012)。生物复混肥可对猕猴桃园土壤全量养分,速效养分含量,土壤酶活性,微生物量碳、氮和微生物群落功能及结构多样性有显著影响，且对猕猴桃产量提高效果较好（付青霞，2014）。利用不同工艺生产的硫基复混肥施入麦田后，可使小麦增产60%以上（曹子库，2014）。施用农业废弃物和化肥为主要成分的有机无机复混肥后，可促进冬小麦分蘖，产量提高756～900 kg/hm^2，水分利用效率提高1.31～1.68 kg/(mm·hm^2)（谷洁，2004）。施用有机无机复混肥可使夏玉米产量提高874.5～1 144.5 kg/hm^2，水分利用效率提高2.78～3.40 kg/(mm·hm^2)（谷洁，2004）。施用有机无机复混肥，并进行局部灌溉可使玉米不同生育期水分利用效率有效提高（余江敏等，2011）。

(4)对土壤微生物和酶活性的影响。有机无机复混肥对土壤微生物和酶活性的影响已被大量研究所证明（Wu J，2005；Benjamin L.，2001；Brookes P C，1984）。

生物有机肥可显著提高土壤蔗糖酶等3种酶活性，也可显著提高土壤有机质、土壤全量养分和速效养分含量（孙薇，2013）。施用生物复混肥对土壤微生物数量及其生物量有显著影响，施用生物复混肥有利于维持良好的土壤微生态环境（赵兰凤，2008；邵丽，2012）。有机无机复混肥可使盐碱土中脲酶活性明显提高（杨阳，2013）。

(5)对土壤重金属的影响。近年来，随着农业的集约化发展及环境污染的加剧，农产品产地土壤重金属积累逐年增加，已经影响到食物链安全和人体健康（Tang Xiangyu，2004）。

除母质外，土壤中重金属主要来源于工业、农业、交通、大气沉降等（Nouri J，2008；Li F，2011），其中施肥可对土壤重金属累积量产生直接影响（Jiao W T，2012）。

一般认为，原料是影响有机肥中重金属含量的重要因素（Chen Miao，2012；Cheng Xuyan，2012）。多地研究表明，饲料及其添加剂中的重金属超标会导致复混肥重金属超标（王飞，2013；杨柳，2014）。即使同一个国家或地区，污泥堆肥中的重金属含量差异也很大（王美，2014）。加拿大污泥堆肥的Pb含量相差高达十几倍（Hackett G A R，1999；Zheljazkov V D，2006）；西班牙污泥堆肥中Zn含量相差6倍以上（Millares R，2002；Casado-Vela J，2007）。施用污泥复混肥后，一定程度上对土壤重金属含量有积累效应，但短期内较为安全（Liang L N，2009）。大量研究表明，施用有机肥影响作物体内重金属含量（Gray C W，2002；Chen X，2010；Pirelli P，2010；Li X L，2011）。必须重视土壤对重金属的承载能力及肥料中重金属的最高限量。

1.3.1.4 生物菌肥施用对土壤培肥的研究

微生物肥料是指由单一或多种特定功能菌株，通过发酵工艺生产的能为植物提供有效养分或防治植物病虫害的微生物接种剂，又称菌肥、菌剂、接种剂（孟瑶，2008）。我国对微生物肥料进行研究始于20世纪初。在20世纪50年代，通过大豆根瘤菌接种，可使当时的大豆平均产量增加10%以上；20世纪60年代，将紫云英中筛选出的根瘤菌进行了推广和示范，获得较好的效果。此后中国通过从苏联引进固氮菌、磷细菌等菌剂或肥料，大大促进了我国的菌肥产业（刘鹏，2013）。我国先后推广使用的菌肥主要有5406抗生素肥料、VA菌根和作为拌种剂的联合固氮菌和生物钾肥。近十几年来，我国的微生态制剂、联合固氮菌肥、生物有机复混肥等推陈出新，其中植物根际促生菌（PGPR）已经成为研究的重点（韩文星，2008）。目前，我国微生物肥料产品数量多达1 000多个，微生物肥用量超过450万t，约占中国微生物肥料年产量的50%（李俊，2011）。微生物肥料的核心是微生物，因此具有微生物的特性。它与微肥有本质的区别，即微生物肥料里有活的生命，而后者主要是包含矿质元素。

合理使用微生物肥料既可以补充化肥的不足，又可以减少环境污染和保护生态环境。一般而言，微生物肥料在增加土壤肥力、促进作物生长、防治有害微生物、提高作物抗逆性等方面有明显作用，因此合理使用微生物肥料意义重大，但因此夸大微生物肥料的肥效，认为可以代替其他肥料的作用，则有失偏颇。施用微生物肥料时也要考虑施用条件，如土壤类型、气候条件以及作物品种。

AB菌生物有机肥可显著增加土壤微生物数量，提高土壤养分含量和土壤微生物量C、N的含量，增强土壤酶活性（夏栋，2012）。以摩西球囊霉为生物肥核心菌种对水稻生长和生产状况的影响研究表明，氮菌联合施用条件下，水稻具有最高的净光合速率。氮菌联合较传统田间管理水稻产量能够提高4.8%。菌根对宿主的侵染可有效提高水稻的资源利用效率、生长与生产能力（张雪，2012）。利用烤烟根际筛选出的抗生菌等四种菌株制成PGPR菌肥，可以在减少化肥用量条件下，烤烟产量和净产值分别提高7.53%和30.05%（王豹祥，2011）。菌肥与秸秆、猪粪等共同作用可对土壤含水率、酸碱性、微生物量、速效养分含量等有不同的影响（孙婧，2014）。菌根菌肥与氮肥、磷肥配施可以调节水稻的光合作用，改善籽粒的物质分配比例，从而增加稻草产量（张淑娟，2012）。

生物菌肥可有效提高塌陷地复垦土壤全量养分和速效养分含量，并可有效提高脲酶、磷酸酶和蔗糖酶活性（乔志伟，2011）。菌肥与化肥或有机肥配施条件下，可有效提高土壤酶活性，对油菜品质和产量也有明显提高（栗丽，2010）。

在复垦土壤中施入生物菌肥后，可使土壤脲酶、蔗糖酶和磷酸酶活性增强，且随施肥量增加，脲酶活性呈增大趋势（李金岚，2010）。以煤矸石和粉煤灰作为生物基质，接种菌根真菌和根瘤菌后可对基质理化性状有一定的改良与培肥作用，可以改善基质的pH和EC值，使之有利于植物正常生长。两种微生物可与植物形成较好的共生关系，且对磷素的吸收利用有利(毕银丽等，2006)。对以玉米为宿主植物，矿区退化土壤为供试基质的研究表明，玉米根系受损条件下，接种丛枝菌根真菌缓解了伤根对玉米生长造成的不利影响，促进了玉米的生长。而且接种菌根可改善玉米根际微环境，有利于矿区退化土壤改良和培肥(李少朋等，2013)。菌根对植物生长具有明显的促进作用，在矿区环境治理时，运用菌根生物技术可使杨树和白蜡的胸径、株高等指标在接种菌根6个月后有明显增加，且根际菌丝长度显著高于对照。接种菌根菌对于降低煤矿区环境修复成本以及增加未来生态收益具有较大潜力，对于维持矿区生态系统的稳定有一定意义(杜善周，2008)。

1.3.1.5　废弃物资源化利用对土壤培肥的研究

目前，因工矿企业的生产与发展，大量工矿区废弃物的堆积不仅浪费土地资源，也给环境保护带来较大压力。由于工矿区废弃物数量巨大，而且每年数量还在不断增加。目前，仅有部分工矿区固体废弃物用于建筑、交通和土壤改良等方面，利用率非常低。因此，如何消化利用工矿区固废物，使其达到农业资源化利用的相关研究也在不断开展。

研究表明，通过缓释肥料最优制备的工艺条件，可将煤泥和复合肥进行复配获得不同养分含量的缓释肥料成品(李正秋，2011)。接入固氮菌的粉煤灰微生态复混肥可以改良土壤理化性状，均衡作物营养并可以改善作物品质，施用效果优于常规施肥法(于晓彩，2006)。以淮南9个矿区的煤泥和煤矸石研制而成的生态复混肥，有机质含量达到部颁标准，煤泥碳含量与有机质含量具有线性关系(陈晓玲，2013)。利用粉煤灰对磷素吸附与解吸特性研究表明，粉煤灰的吸磷率比土壤高，但其解吸率低，粉煤灰对磷吸附固定作用随粉煤灰含水量的增加有增大的趋势。在施用粉煤灰改良土壤或利用粉煤灰作为复混肥制造原料时，应该考虑粉煤灰对磷的固定影响(冯跃华，2005)。添加一定量保水剂可促使高羊茅吸收并转移煤矸石基质中的营养元素，供植株生长需要(赵陟峰，2013)。城市污泥施用会引起土壤磷素积累、磷饱和度提高，并增加土壤向环境流失磷的风险(徐秋桐，2014)。粉煤灰包膜缓释肥养分释放平稳，能满足作物生长所需，且对环境友好(白晓瑛，2013)。风化煤与化肥配施能促进玉米植株的生长，并提高玉米产量(袁丽峰，2014)。煤矸石复垦区，适宜的覆土厚度可促使作物根系吸收利用煤矸石水分和养分，加快煤矸石的熟化(洪坚平，2000)。

我国农业产业化发展已经进入了新的发展阶段，环境问题正向资源节约型转变(桂芝，2007)。果蔬加工类废弃物在我国数量巨大，可作为N肥施用(刘传富，2006)。淀粉和纤维素加工类废弃物再循环、再利用已成为农业发展的必不可少的部分(孙美琴,2003;任俊莉,2006)。另外,糠醛渣、味精渣、酒糟、食用菌渣等工农业废弃物无害化处理并应用于农业生产成为有机废弃物资源化的重要途径(廖宗文,1995;冀建华,2009;廖宗文,2003)。

随着人口的增长,生活垃圾和污泥等废弃物也越来越多。目前将生活垃圾或城市污泥作为肥料用于农业发展已经有不少尝试(秦嘉海,2006)。生活垃圾复混肥施用对鲁梅克斯牧草有明显增产作用(秦嘉海,2005)。利用生活污泥制备的有机-无机复混肥对蕃茄产量有显著增产效果,并能改善蕃茄品质(王守红,2010)。掺入污泥、垃圾的复混肥可以促进土壤养分含量的提高(闫双堆,2006)。施用污泥复混肥比等 N、P、K 的商品复混肥增产 20.4%,并具有提高单瓜重的效果(李文英,2010)。

1.3.2 国外土壤培肥研究进展

1.3.2.1 土壤性状研究

在美国 Ohio 州煤矿废弃复垦区,由于不合理的扰动导致土壤性状和 CO_2、CH_4、N_2O 排放表现出极大的空间异质性(P A Jacinthe,2006),挖煤极大地改变了土壤属性,使土壤有机碳及碳库随土层深度加大而急剧下降(K. Lorenz,2007)。土地利用方式可以引起温室气体排放的变化,导致土壤有机碳降低。土壤有机碳库对土地利用方式可以快速响应。随着土壤深度的增加,7 个复垦样地的 pH 和容重均随土层深度增加呈增大态势(Ashim Datta,2015)。重型机械会对矿区土地压实,导致土壤密实度和容重增加,孔隙度和水分下渗率降低,从而影响根系生长和作物产量。通过研究不同深度的耕作措施对土壤物理性状的影响发现,耕作措施可以减轻土壤密实度较大的问题,80 cm 深耕措施对于增加下渗率和减少地表径流最为有效(S K Chong,1997)。传统耕作措施和残茬管理可以增加土壤团聚体含量从而使得土壤有机碳含量集聚。在印度北部钠质土复垦区,将传统耕作措施和残茬管理相结合进行研究表明,表土层水稳性团聚体含量比传统耕作措施增加了 50.13%,而微团聚体则减少了 10.1%(Shreyasi Gupta Choudhury,2014)。

1.3.2.2 菌根微生物技术在矿区复垦的应用

土壤微生物群落结构和多样性常用于评估矿区复垦土壤生态恢复过程、土壤结构改善的重要参照(Nannipieri P,2003)。在酸性矿区废弃地中接种菌根后,可使植物株高和生物量显著高于原状土(Bhoopander Giri,2005)。丛枝菌根和根瘤菌能够互惠共生,一起促进豆科植物的固氮能力(Barea J M,1997)。土壤熟化和植被多样性可以强化重金属污染土壤的微生物表现性状(Anna M Stefanowicz,

2012)。在矿区扰动土壤接种丛枝菌根后,土壤结构明显改善,有机质含量明显提高(Frost S M,2001)。在贫瘠而缺乏微生物的新复土壤,单纯依靠施肥难以恢复植被,但在接种丛枝菌根真菌(AMF)并施加磷肥后可以促进植被覆盖率、植物生长量以及植物对矿质元素的吸收(Cuenca G,1998)。土壤的熟化程度与细菌和真菌的丰度有关,然而 pH 与微生物群落及其群落组成有关(Steven D Siciliano,2014)。

1.3.2.3 废弃物资源化利用在矿区复垦的应用

污泥、畜禽粪便、锯末等可以作为有机填充剂在矿区施用,从而改善矿区土壤性状(Bendfeldt E S,2001)、提高植物对营养元素的吸收率(Vinson J,1999),从而有利于植物生长(Daniels W L,1994;Li R S,1977;Cook T E,2000)和加速生态系统的恢复。研究表明,施用污泥可使矿区复垦土壤容重降低,水稳性团聚体数量增加(Webber L R,1978)。泥炭施用能够增强生物生产力(Norland M R,2000),某些废弃物施用可将复垦土壤重金属进行固定,从而减少重金属随地下径流向深层土壤渗漏,也可以减少植物对有毒金属的吸收(Chu C W,1999;Wong J W C,1995)。生物污泥可有效提高矿区复垦土壤的全氮含量和植物的生物量(Thompson T L,2001),淤泥施用可显著提高稳定性团聚体比例(Rogers M T,1998)。

1.4 土壤微生物多样性研究

土壤中分布着种类繁多,数量巨大的微生物。资料显示,1 g 土壤中存在成千上万种微生物,其个体数量可以亿或数十亿计(Pace N R,1997;Curtis T P,2005;Gans J,2005)。

土壤微生物对土壤养分循环和转化影响巨大,同时对土壤结构、肥力、地上植物的健康有着不可替代的作用。因此,目前对于土壤微生物的研究引起人们的持续关注(Yao K Y,2006;Dodd J C,2000;Smith K P,1999)。

1.4.1 复垦土壤微生物多样性研究现状

1.4.1.1 国内复垦土壤微生物多样性研究现状

国内利用微生物技术对复垦土壤进行改良方面的研究较多。对安太堡露天煤矿复垦土壤微生物进行研究后发现,复垦年限增加,微生物数量也在增加;微生物数量中,细菌占有最大比例;植被和复垦模式不同对土壤微生物数量的增加效果有较大差异(樊文华,2011)。采用PLFA法对复垦土壤微生物种群和多样性研究后发现,不同的施肥处理对细菌、真菌PLFA量及微生物PLFA总量均有增加效应;土壤PLFA总量与土壤有机质、碱解氮等指标相关性较好(李金岚,2010)。从山西省复垦土壤中筛选出的解磷微生物具有较高的解磷率,对环境适应能力较强,可成为研发微生物肥料的推荐菌种(陈倩,2014)。

铜矿废弃地土壤微生物研究发现,矿区土壤微生物形态特征较对照土壤发生了明显变化,其微生物量下降较为明显。另外,矿区重金属污染对微生物特征有明显影响(龙健,2004)。复垦后用于林业的土壤,其细菌数量高于用于耕地的土壤,而土壤放线菌和真菌数量则相反。土壤细菌数量随复垦时间延长而增加。土壤微生物数量受到复垦土壤充填物质、覆土厚度和土地利用方式等影响较大(郭友红,2010)。大量研究发现丛枝菌根在矿区生态重建中明显作用,可总结为:①有效改良土壤结构(Feng G,2001);②明显增加土壤肥力(Wong M H ,2003;Liu R J,1999);③显著提高土壤生物活性(Pan C M,2000;Song F Q,2004);④明显促进植物生长(Yu J D,2000);⑤有利于矿区生态恢复(Zhang W M and Ma Y Q,1996;Bi Y L,2002)。

1.4.1.2 国外复垦土壤微生物多样性研究现状

国外关于矿区土壤的研究多集中在重金属污染(Catherine Neel,2003;Philip W. Ramsey,2005)以及生物特性等方面(Danial L. Mummey,2002;Wolfram Dunger,2005)。矿区复垦土壤重金属含量过高时,会对微生物生物量产生抑制作用(Brookes P C,1984),但微生物的抗逆性导致其活动强度明显增大(Chandar K,1991)。土壤生物活动可以改善土壤物理性状,增强土壤表层微生物数量(Scullion J,2000)。土壤微生物尤其是丛枝菌根的使用较多,研究发现丛枝菌根在矿区复垦土壤可有效改善土壤结构体性状(Frost S M,2001),对土壤肥力提高作用明显(Noyd R K,1996),并对土壤微生物活性有显著提高作用(Daft M J,1976、1977),最终对作物生长有利(Call C A,1988;Cuenca G,1998),从而促进了矿区复垦土壤的生态恢复(Nicolson T H,1967;Cuenca G,1998;Nicolson T H,1967;Loree M A,1984)。

1.4.2 土壤微生物多样性研究方法

随着科学技术进步,从传统的平板培养法,到生物标记法以及目前正在探索和应用的现代分子生物学技术,土壤微生物多样性的研究方法也在不断推陈出新。

1. 传统培养法

平板培养法是一种传统的以生化技术为基础的土壤微生物研究方法。该方法的主要环节是在一定条件下通过人工配制的基质对微生物进行培养，然后对各种菌落进行计数以及形态、生理生化特性的鉴定，来确定微生物的种属。该方法较为简单，也可以提供微生物代谢活性等方面的种群信息（Kirk J L et al.，2004），但由于受培养条件的限制，与其他更为先进的方法相比，细菌细胞形成数量相差很大。因此，平板培养法对于土壤微生物数量、种群分布及鉴定有很大的局限性（Torsvik V，2002）。Biolog 微平板法是测定土壤微生物对 95 种不同 C 源的利用能力及其代谢差异，进而用以表征土壤微生物代谢功能多样性或结构多样性的一种方法。现已广泛地应用于土壤微生物群落的分析中（Winding A，1994；Lehman R M，1995；Garland J L，1996）。

另外，通过一定条件下对待测土壤进行培养，测定土壤中各种酶活性和微生物量碳氮含量也是间接反映微生物多样性的方法，目前国内在这方面的应用研究仍然较为频繁。

2. 生物标记法

生物标记法主要是利用微生物细胞内生化成分的结构特点来区分微生物种类（Morgan J A and Winstanley C，1997）。常用的有磷脂脂肪酸（PLFA）分析法（Findlay R，1996；Zelles L，1999）和呼吸醌指纹法（Hiraishi A，1988；Fujie K et al.，1998）。

由于磷脂是所有生物活细胞重要的膜组成成分，其在细胞内的含量具有生物特异性。因此可以通过磷脂脂肪酸作为微生物群落分析的标记物（Petersen S O，1994）。PLFA 的测定方法经过不断完善，目前主要是采用准确、方便和快捷的 GC-MS 方法（Murata T，2002）。PLFA 分析法在描述整个微生物群落结构变化的研究中具有快捷、可靠的优点，微生物 PLFA 的提取和测定是该分析法的关键所在（Zelles L，1999）。呼吸醌是微生物细胞膜的重要组分，每种微生物所含的呼吸醌在结构上具有专一性，土壤中微生物呼吸醌的含量和微生物生物量存在线性关系（Saitou K，1999），因此可通过呼吸醌的检测来判断微生物群落的多样性。

需要指出的是，以上两种方法分类水平较低，均不能鉴定到微生物种的水平。

3. 现代分子生物学技术

现代分子生物学技术的发展，给土壤微生物多样性研究的技术注入了新的活力。从遗传分子的水平来研究微生物群落特点的方法即为现代分子生物学方法。这类方法可以利用微生物细胞内的遗传物质来对土壤微生物的种类和结果多样性进行评估。

目前，现代生物学技术用于研究微生物多样性的方法较多，如核酸复性动力学技术和 G+C%含量法（G+C% content），该方法的主要步骤是总 DNA 从土壤中提取、纯化、变性解链和再复合。相比而言,核酸杂交技术是将已知微生物基因序列作为特异探针,与从样品中提取的 DNA 或者 RNA 进行杂交,然后通过杂交信号的检测和分析来判断土壤微生物多样性,这是一种既能定性又能定量地进行土壤微生物多样性解析的分子生物学工具(Clegg C D,2000;Theron J,2000)。这种技术又可分为原位杂交(IISH)技术和基因芯片技术。

Handelsman(2004)于 1998 年首次提出宏基因组学的概念,即无须经过培养、分离单一种类的微生物,而是利用现代基因组技术直接研究自然状态中环境微生物群落。步骤主要包括土壤 DNA 的提取、克隆、文库的构建和筛选(Daniel R,2005)。

基因指纹图谱技术是基于基因在长度、成分和结构上的多态性,利用电泳方法将复杂的 PCR 扩增片段分离成简单的基因条带图谱,然后根据条带信息进行基因分析的技术(Fedi S,2005;Xing D F,2006)。

1.5 研究价值及创新

1.5.1 研究意义和主要研究内容

我国矿山开采损毁土地面积预测结果表明,至 2020 年因采矿损毁土地面积将高达 8.07×10^6 hm^2,其中煤炭开采损毁面积最大,为 2.34×10^6 hm^2(周妍,2013),因此煤炭开采损毁土地是农用地重点复垦潜力区。

山西省煤炭资源开发和利用为国家的经济发展做出了巨大贡献。但是,煤炭开采是把双刃剑——由于煤炭开采尤其是井工开采的煤炭量占全省煤炭总产量的 96.5%,因此造成地表塌陷比较严重(何国清,1991)。据调查,山西省因采煤造成的地下采空区面积达 10 000 km^2 以上,其中近 5 000 km^2 地面塌陷,受灾人口超过 230 万人。而且山西省塌陷区的面积正以每年 94 km^2 的速度增长。然而,山西省的土地复垦率仅为 2%左右。此外,据山西省经济社会发展《蓝皮书》统计测算(张成德,2002),1981—2000 年山西因挖煤、炼焦、发电等造成的环境损耗每年高达 49 亿元,20 年间共计 980 亿元,而山西“九五”期间的环保投入仅占国内生产总值的 0.49%,低于全国 0.93%的平均水平。因此,山西省的煤矿区土地复垦与生态重建已经成为亟待解决的重要任务(胡振琪,2010)。

与此同时,煤矿废弃物也在不断增加,截至 2010 年,山西省仅煤矸石累计堆存量约 9.00×10^8 t,占地约 1.82×10^4 hm^2(李广信,2010)。另据中国能源报报道,山西省目前煤矸石积存量已达 10 亿 t,占全国累计存量的 1/3,全省大小煤矸石山堆积近万座，占地约 1.7 万 hm^2，且每年还在以 10%左右的速度递增（岳麟，2009）。山西省全省单位 GDP 综合能耗超出全国平均水平近两倍，煤炭资源回采率平均仅 35%，大量煤矸石、焦化副产品等二次资源得不到合理利用，“三废”回收处理水平较低，排放量已超出全省环境容量。同时，水资源综合利用水平低，因此加快推进山西资源节约与综合利用日显紧迫（裴建军，2012）。

由于采煤沉陷、露天开采、废弃物堆放等行为导致大量土地资源遭到破坏，因此，土地复垦这一兼具保护环境、人工造地等多种目的于一体的行为成为矿区土地重构的必然选择。然而矿区土地被重构后，土壤生态环境处于高度退化之中，土地肥力低下、土壤结构不良、土壤压实等问题非常突出，因此，无论进行农业、林业或其他用地，都会因经济效益、生态效益和社会效益较低而面临众多困难。如何在人为干预条件下培肥和熟化矿区复垦土壤，使其尽快达到耕作要求或满足其他用途是目前和未来相当长时间内科学界面临的一大难题。

大量的煤矿废弃物堆占或填埋一方面会浪费土地资源；另一方面也给周边环境带来严重污染。如何合理利用工矿区废弃物，目前已在工业、交通等行业有所进展，虽然农业方面也在提倡工矿区废弃物资源化利用，但到目前为止，这方面的研究非常有限。

本研究以工矿区固体废弃物为基本原料进行煤基复混肥研制，并将其与菌肥配施于废弃物复垦区（以下简称复垦区）和长期耕作区（以下简称熟土区）进行试验研究。期望一方面可为丰富工矿区固废物农业资源化利用途径和复混肥产品研发提供新的思路；另一方面通过研究煤基复混肥及其与菌肥配施对土壤养分、生物性状、作物生长、水肥利用变化等方面的影响，进而为全省众多复垦区土壤熟化提供借鉴。

本研究目标主要体现在：其一，借鉴有机无机-复混肥研究方法，以工矿区固体废弃物为基本原料，研发并生产符合国家相关标准（GB 18877—2009）的煤基复混肥；其二，利用煤基复混肥与山西农业大学资源环境学院生产的菌肥配施，在复垦区和熟土区分别进行试验研究，试图揭示煤基复混肥与菌肥配施条件下，复垦区和熟土区的土壤化学性状、土壤微生物性状的时空变化特征及其变化机理；其三，通过煤基复混肥与菌肥配施，研究不同施肥处理对玉米生长和产量、品质、水肥利用效率等方面的影响，以期为煤基复混肥不同施肥处理对大田作物影响机理提供理论依据。

1.5.2 本研究的科学价值及创新性

工矿区固体废弃物的堆存严重影响到生态环境的安全和质量。如何合理利用工矿区固体废弃物已经在交通、建材以及肥料生产等多个行业进行了各种研究。在工矿区固体废弃物农业资源化利用方面，目前的研究较为单一，且不具有普适性。为了改善这一现状，本研究将山西省多个地区、多个涉煤行业、多种固体废弃物进行采样、化验，通过对固体废弃物与化肥进行复混，研制并生产了煤基复混肥。同时，利用课题组自主研发的生物菌肥与之进行配施，选取山西省较为典型的试验区（复垦区和熟土区）进行试验，为矿区复垦土壤培肥和熟土区作物产量提高进行了有益的探索。本研究对于工矿区固体废弃物农业资源化利用具有一定的科学价值，尤其是在复垦土壤的施肥量确定以及在天然降雨条件下的水肥利用效率研究具有开创性。

（1）本研究利用工矿区固体废弃物为基本原料，研制并生产煤基复混肥。选择在山西省具有典型性和代表性的两个试验区（复垦区和熟土区）分别进行煤基复混肥及其与菌肥配施的大田试验。结果表明，以固体废弃物为原料进行煤基复混肥研制和应用可以促进肥料品种的开发，并为丰富工矿区固体废弃物资源化利用途径提供了新的思路。

（2）本试验将生物化学技术 PLFA 和土壤的微生物量碳、氮及酶活性方法相结合，对复垦区和熟土区土壤生物性状研究进行了实践探索和理论补充。

（3）以空间替代时间的方法，在复垦区和熟土区两类不同的立地条件下进行大田试验，系统研究了雨养农业区煤基复混肥肥效、土壤生物学性状、作物施肥水平和产量之间的关系，对山西省复垦区土壤熟化和熟土区进行工矿区废弃物资源化利用具有一定的指导意义。

2 试验材料与方法

2.1 研究区概况

本研究大田试验分别布设于两个试验区：试验区一为古交市屯兰矿废弃物复垦区（古交市姬家庄乡南梁上村）；试验区二为山西省农业科学院试验基地（晋中市榆次区东阳镇）。

2.1.1 古交市屯兰矿废弃物复垦区（试验区一）

古交市（37°40′6″～38°8′9″N，111°43′8″～112°21′5″E）位于太原市西北方向，总面积约 1 551 km^2。该市矿产资源以煤炭为主，现已探明的含煤面积达 7.17×10^4 hm^2，储量约 9.83×10^9 t。

屯兰矿地处古交市以南 6 km，井田面积 73.33 km^2，可采储量 6.28×10^8 t，设计年生产能力 5.00×10^6 t。由于采煤和选煤过程中存在大量煤泥、煤矸石和风化煤等煤矿废弃物，屯兰矿在废物利用的基础上，将其目前无法消化利用的废弃物就近选择适宜沟道进行堆置填埋，本试验区一即为其中堆置填埋复垦区之一。试验区一位于屯兰矿南侧，西距姬家庄乡南梁上村 1.6 km。该区气候属大陆性气候，雨季多集中于七八月间，最大冻土深度 0.98 m。年最高气温 39.4℃，年最低气温 −25℃，年平均气温 9.5℃。无霜期平均 202 d。多年平均降雨量为 460 mm，多年平均蒸发量为 1 770.6～2 080 mm。

供试土壤为石灰性褐土，质地为中壤土，pH 为 8.46，耕层土壤有机质含量 7.05 g/kg，全氮 0.34 g/kg，全磷 0.28 g/kg，全钾 14.42 g/kg，碱解氮 21.92 mg/kg，有效磷 3.03 mg/kg，速效钾 102.17 mg/kg。

屯兰矿从 2012 年 6 月对南梁上村的煤矿废弃物填埋区进行复垦，至 2013 年 12 月复垦土地面积 15.3 hm^2。复垦方式为从附近山体开挖黄土至煤矿废弃物堆积体上部，然后用推土机推平压实，覆土最大厚度不超过 1 m。

2.1.2 山西省农业科学院东阳试验基地（试验区二）

试验区二位于山西农业科学院试验基地（榆次区东阳镇），该基地占地近

200 hm^2,是山西省进行作物栽培、肥料试验和新品种研发等科研项目集中实施的场所之一。

本试验区地处温带大陆性干旱气候区,年平均气温 9.8℃,降雨量为 418～483 mm,主要集中在 7～9 月;年日照时数 2 662 h,无霜期 158 d。供试土壤为石灰性褐土,质地为中壤土,pH 为 8.21,耕层土壤有机质含量 20.44 g/kg,全氮 0.66 g/kg,全磷 0.75 g/kg,全钾 19.81 g/kg,碱解氮 48.65 mg/kg,有效磷 17.07 mg/kg,速效钾 144.86 mg/kg。

2.1.3 供试材料

东阳试验区供试肥料及基质同古交复垦区。

本试验供试肥料为自主研发的煤基复混肥。有关煤基复混肥研制及其组分详见本书第三部分内容。

本试验供试菌肥由山西农业大学资源环境学院提供,主要添加解磷菌 6.5×10^8 CFU/g。由山西省阳泉市惠容生物肥料有限公司加工。

本试验供试基质为鸡粪,基本养分含量为见表 2-1。

本试验供试作物为玉米(*Zea mays* L.),品种为先玉 335。

表 2-1 供试基质的养分含量

Tab. 2-1 Nutrient contents of experimental matrix

%

供试基质	有机质	N	P_2O_5	K_2O
养分含量	47.12	1.68	2.45	1.36

2.2 试验设计与实施

2.2.1 试验设计

本试验在复垦区和熟土区两个试验区同时进行。每个试验区均设置 3 种施肥类型,即单施煤基复混肥、菌肥+煤基复混肥、基质+煤基复混肥;每种施肥类型分设 4 个施氮水平,即 120 kg/hm^2、210 kg/hm^2、300 kg/hm^2、390 kg/hm^2;菌肥水平为 1 500 kg/hm^2,共计 12 个施肥处理,另外布设 1 个不施肥处理(CK);每种处理重复 3 次。试验共布设 39 个小区,每个小区面积为 50 m^2(5 m×10 m)。遵循等量施肥原则,单施复混肥与菌肥+煤基复混肥(基质+煤基复混肥)各施肥水平间通过磷肥(过磷酸钙)和钾肥(氯化钾)两种无机肥进行调整,使其 N、P、K 比例保持一致。试验设计及施肥量具体见表 2-2。

表 2-2 试验设计及施肥量

Tab. 2-2 The designation of experiment and the amount of fertilization kg/hm²

施肥类型 Type of fertilizer	施肥水平 Level of fertilizer	复混肥 Compound fertilizer	菌肥 Bacterial manure	基质 Matrix
单施复混肥 Compound fertilizer	N120	825		
	N210	1 444		
	N300	2 063		
	N390	2 682		
菌肥+复混肥 Compound fertilizer and bacterial manure	N120	652	1 500	
	N210	1 271	1 500	
	N300	1 890	1 500	
	N390	2 509	1 500	
基质+复混肥 Compound fertilizer and matrix	N120	652		1 500
	N210	1 271		1 500
	N300	1 890		1 500
	N390	2 509		1 500
不施肥(CK)	N0	0	0	0

2.2.2 试验实施

本试验所有供试肥料在播种时一次性施入土壤;其中古交复垦区(试验区一)在 2014 年 5 月 5 日进行播种,10 月 10 日收获。在播种期一次性将所有肥料采用穴施方式施入,在玉米拔节期锄草一次;东阳试验区(试验区二)在 2014 年 5 月 6 日进行播种,10 月 12 日收获。在播种期一次性将所有肥料采用旋耕机撒播方式施入;在玉米拔节期锄草一次;两个试验区玉米均未进行灌溉,其余管理措施两个试验区均相同。

2.3 土样采集时期及分析方法

因试验目的不同，在两个试验区的玉米不同生育期分别进行采样，采样方式、时间和测试指标及其测试方法另见各章。

2.4 试验统计方法

使用统计软件 SPSS 16.0 和 Excel 2003 计算土壤全量养分及速效养分（N、P、K）、酶活性、微生物量碳氮（MBC、MBN）、磷脂脂肪酸（PLFA）等指标的测定值的平均数、标准差。根据方差分析和多重比较结果确定各指标的差异显著性。

3　煤基复混肥料研制

当前,利用废弃物进行农业资源化的应用研究非常多。农业固体废物是重要的面源污染源,而农业废物具有有机质含量高、有害成分少的优点,是堆肥的理想原料。利用固体废物堆肥产物生产复合肥既可削减固体废物的环境污染,又可提高利用效果,是解决固体废物污染问题的重要途径。然而这一研究在我国的成果报道很少(杨渤京,2006)。有机无机复混肥是指含有一定数量有机肥料的复混肥料。由于化学肥料肥效较快,施用后对作物生长、土壤质量改善等方面在短期内就有一定的效果和作用。但长期施用或施用方法不当,可能会导致土壤酸化、板结、有机质含量下降,甚至造成面源污染。相比之下,有机肥料肥效较缓、较长,对作物生长和土壤质量改善的时效性较差,但属于环境友好型的肥料。有机-无机复混肥可将二者优点结合,通过合理配方,有机-无机复混肥可以实现养分供应均衡、缓释长效的目的,同时可以避免单施化学肥料或有机肥的弊端。

目前利用各种有机无机复混肥对大田土壤及作物生长的影响研究较多,但以工矿区固体废弃物为基本原料的煤基复混肥相关研究较少。在循环经济的理论指导下,一些技术部门或科研单位已经投入较多的力量开展这方面的研究和生产。利用工矿区固体废弃物进行发电、研制建材(砖、水泥等)、回收有用矿物(回收煤炭、黄铁矿、氧化铝提取等)的同时(冯朝朝,2010),也开始进行农业资源化利用,如利用煤矸石、粉煤灰等生产肥料。

本研究以工矿区固体废弃物(粉煤灰、煤泥、风化煤等)为基本原料,与化肥(尿素、氯化钾、磷肥等)和鸡粪等复混,采用挤压造粒工艺,研制并生产了煤基复混肥。在此基础上,进一步开展大田试验,检验其改良土壤、提高作物产量的效果。以期对工矿区固体废弃物农业资源化利用和复垦区土壤熟化提供借鉴。

3.1　有机-无机复混肥相关标准

本研究严格按照有机-无机复混肥料(GB 18877—2009)标准进行试验研究,该标准主要指标见表 3-1。

表 3-1 有机-无机复混肥(GB 18877—2009)相关指标

Tab. 3-1 Relative indexes of organic and inorganic compound fertilizer(GB 18877—2009)

项目 items	指标 indexes	
	Ⅰ型	Ⅱ型
总养分($N+P_2O_5+K_2O$)的质量分数/%	≥15.0	≥25.0
水分(H_2O)的质量分数/%	≤12.0	≤12.0
有机质的质量分数/%	≥20	≥15
粒度(1.00～4.75 mm 或 3.35～5.60 mm)/%	≥70	
酸碱度(pH)	5.5～8.0	

3.2 供试材料

3.2.1 煤基复混肥供试材料来源及其分析化验

2013 年 5 月至 2014 年 1 月,对山西省晋中市、太原市、长治市和吕梁市等主要产煤区的 18 个煤矿和涉煤企业(洗煤厂、火电厂、焦化厂等)的固体废弃物进行采样。采样点如图 3-1 所示。采样对象主要为风化煤、煤泥、煤矸石和粉煤灰。每个煤矿或企业采集每种原料样品各 5 个,重 10 kg。经过实验室对 400 多个工矿区煤基废弃物样品的养分含量及重金属含量进行分析化验,最终确定用于制备煤基复混肥的煤基废弃物数量及原料产地。

化学肥料为常用氮肥、磷肥和钾肥。有机物料添加成分还有腐熟鸡粪。

3.2.2 煤基复混肥原料分析化验方法

总氮测定按照 GB/T 22923—2008 方法。有效 P_2O_5 含量按照 GB/T 8573—2010 方法。总 K_2O 测定按照 GB/T 17767.3—2010 方法。有机质测定采用重铬酸钾容量法。砷、铬、铅、镉和汞含量测定按照 GB/T 23349—2009 方法。

3.2.3 煤基复混肥供试材料养分含量

煤基复混肥原料性状指标见表 3-2。

图 3-1 工矿区固体废弃物采样点分布示意图

Fig. 3-1 Diagram of sample point about industrial solid waste

表 3-2 煤基复混肥原料养分含量(干基)

Tab. 3-2 The content of nutrient about raw material (dry basis) %

原料 Raw material	养分含量 Content of nutrient			
	TN	P_2O_5	K_2O	有机质
尿素	46.22	—	—	—
磷酸二铵	18.14	45.92	—	—
氯化钾	—	—	60.40	—
鸡粪	1.60	2.40	1.32	47.18
煤泥	0.31	0.96	0.72	84.21
风化煤	0.84	1.02	0.12	95.39
煤矸石	0.15	0.20	1.12	19.28
粉煤灰	0.05	0.21	1.03	0.04
黏结剂	—	—	—	—

3.3 试验所用仪器

原子吸收分光光度计(火焰石墨炉一体机 WA3081),AA3 全自动连续流动分析仪，TST101A-2 型电子鼓风干燥箱,TST101A-2 型电子恒温培养箱,SHZ-ⅢB 型循环水式多用真空泵,JJ2000 型精密电子天平,DKZW-4 型电子恒温水浴锅,DL-1 型万用炉,α-1860 型紫外可见分光光度计,FP6400A 型火焰光度计,KXL-1010 控温消煮炉,JJ-1 型数显电动搅拌器,RGZ-15 小型挤压造粒机等。

3.4 煤基复混肥制备

煤基复混肥制备主要分为实验室初试和肥料企业试生产两个环节。

3.4.1 实验室煤基复混肥制备

将各种煤基复混肥原料按测定所得结果进行理论计算,然后按照玉米专用肥所给养分比例作为参考,分别确定煤基复混肥不同原料组分的比例。然后将各组分进行粉碎混合,搅拌均匀后,加入挤压造粒机中。通过挤压造粒成型的过程和结果来进行原料配比、含水量及细度等指标调整。经过实验室反复试验,确定了实验室煤基复混肥各种组分的比例。实验室主要制备工艺流程如图 3-2 所示。

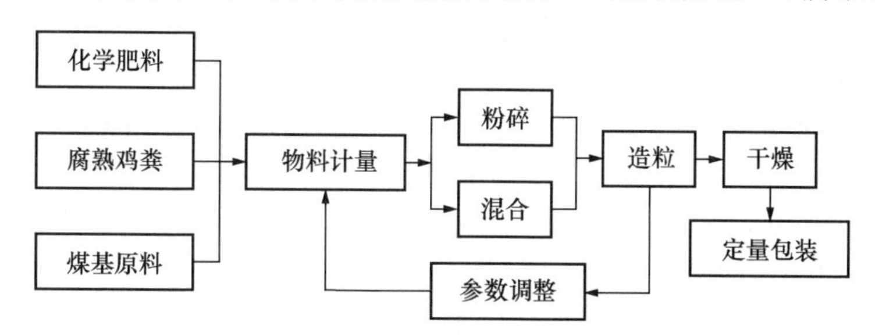

图 3-2　煤基复混肥生产工艺流程

Fig. 3-2　Process flow of compound fertilizer

3.4.2 煤基复混肥试生产

煤基复混肥在山西省太谷县精准农化科技有限公司进行加工。该公司生产煤基复混肥工艺流程类似于图 3-2。

3.5 煤基复混肥养分含量

煤基复混肥成品按照相关标准进行分析化验，最终均达到或超过国家相关标准(GB 18877—2009)。煤基复混肥主要性状指标见表 3-3。

Tab. 3-3 The main content of nutrient about organic and inorganic compound fertilizer

%

类型	煤基复混肥养分比例 Proportion of nutrient	总无机养分 Total organic nutrient	有机质 OM	煤基废弃物占比 Proportion of waste
Ⅰ型复混肥	N∶P∶K=2.58∶1∶1.91	28.20	25.71	28.49
Ⅱ型复混肥	N∶P∶K=2.55∶1∶1.84	25.35	19.93	30.85
Ⅲ型复混肥	N∶P∶K=2.76∶1∶3.54	32.27	15.60	31.54

3.6 讨论

对于农业固体废弃物的资源化利用，目前也有不少探索，杨渤京等(2006)主要选用农业固体废物蔬菜废物和花卉秸秆作为堆肥产物，按照 1∶1 混合，发酵 20～30 d，物料破碎并过筛，过筛控制粒径小于 0.4 cm，含水率控制在 20%～30%。另外添加了化肥原料，主要为硝酸铵、过磷酸钙、硫酸钾等。以此原料和工艺制成复合肥，并在油菜、西芹和生菜三种作物进行了田间试验研究。总的来看，以农业固体废物堆肥产物为原料，配以化学肥料可以生产性能优良的复混肥。其特点主要体现在成粒过程不需要添加黏结剂；有机物料含量高，最高可达到 100%；造粒过程密封，对环境污染少；生产率高，易损件少，生产成本低。作物生长状况明显优于不施肥区的作物，在植株高度、重量以及有机质含量上，施用复混肥的作物又高于施用化肥的作物，尤其是有机质含量。将生活垃圾分拣后与生物热性肥料(鸡粪、羊粪)按 1∶1 混合堆置发酵处理后，再定量加入化学肥料配制成有机无机垃圾复混肥施用于农田(陈世和，1990)，可减缓土壤中重金属富集，提高生活垃圾有效利用价值，对培肥土壤，净化城市环境，减轻传染性疾病意义重大(秦嘉海，2006)。施用一定量的风化煤腐殖酸可以增加土壤肥力，也可以有效地降低有毒重金属铅的危害。煤质腐殖酸物质作为环境污染物净化载体具有可行性和现实性，同时也是对固体废弃物风化煤的合理利用(武瑞平,2010)。

我国生产有机-无机复混肥的工艺主要分为两种:一是转盘或转鼓造粒工艺;二是挤压造粒工艺(谢少兰,2010)。前者对复混肥物料的细度要求较高,对有机物料的添加量也非常有限。采用挤压造粒可对物料施加较大的挤压,物料成型较为容易,方法技术成熟可靠,对原料的适应性强,有机物料的添加量可达物料总量的50%~60%,因此对煤基废弃物为原料的复混肥进行挤压造粒比较适合。

当前利用煤矿固体废弃物进行煤基复混肥研制尚未有成熟的生产工艺,本研究在借鉴有机-无机复混肥生产工艺(杨渤京,2006;于晓彩,2006;张春波,2003)的同时,总结和探索了煤基复混肥研制过程中的一些主要工艺参数。

(1)水分控制。挤压造粒工艺可减少或免去干燥过程,通过控制混合物料含水量达到肥料的水分要求。在实验室试验时,发现水分对物料的流动性、可挤压性有显著的影响。水分过少,会导致物料间黏结不良,成粒性较差,且造粒后颗粒表面粗糙,易造成挤压孔堵塞;水分过多,则会导致颗粒抗压性差,肥料含水量超标,甚至在挤压造粒过程中出现流浆现象。经过反复试配,发现在原料比例确定的情况下,煤基固体废弃物的含水量控制在8%~10%时,造粒较为适宜。

(2)细度控制。生产有机-无机复混肥的原料细度会对各物料的混合均匀性,挤压效率有一定影响。适宜的细度会使得物料间混合较为均匀,物料通过挤压孔效率较高。细度过大,则会导致挤压孔堵塞,造粒效率下降;细度过小,会增加生产成本。在实验室内进行煤基复混肥试制时,对煤基固体废弃物原料和化学肥料的细度控制在0.25~1.75 mm。但在车间生产时,因其挤压力度较大,造粒机孔径较大,可以适当降低细度要求。

(3)物料配比。在理论上通过计算初步确定煤基复混肥的基础配比,使其养分含量能达到国家相关标准。然后调整其物料配比,使煤基复混肥能更多地利用或消纳煤基废弃物。在实验室造粒过程中,发现煤矸石和风化煤的黏结性较差,二者用量比例过高,给挤压造成困难,会导致用水量增加、成品强度较差。如果减少用水量,则需要加大尿素和黏结剂的用量,从而挤占其他物料的添加比例。粉煤灰经过高温,密实性较强,光圆度较好,吸水性较差,因此加入一定量的粉煤灰可起到“润滑”作用,便于物料挤压。煤泥经过粉碎,由于其本身所含较多黏粒物质,所以具有较好的黏结性能。添加一定比例的黏结剂,可使煤基废弃物有机-无机复混肥造粒度有较大的提升,且使其造粒后具有较高的抗压性能。

通过反复试验,总结发现原料配比、原料含水量和细度是影响有机-无机复混肥造粒成型是否可行的三个重要工艺参数。若参数选择不合适,在造粒过程中,就会出现产品结块、成粒困难甚至流浆等问题。但原料细度关系到生产成本的高低,故最终确定煤基固体废弃物的细度总体控制在 1.00～2.50 mm。

按照相关标准(GB 18877—2009)对试生产的三种不同配比的煤基复混肥分析化验后,其各项指标均符合国家相关标准,为下一步进行大田试验奠定了基础。

经本课题组其他成员运用上述三种煤基复混肥进行油菜盆栽试验结果表明,Ⅰ型煤基复混肥较Ⅱ型和Ⅲ型煤基复混肥在提高作物产量和改良土壤性状等方面效果最好,所以本研究选用Ⅰ型煤基复混肥进行大田肥料试验。

3.7 结论

(1)以工矿区废弃物为基本原料,生产了三种类型煤基复混肥,养分含量和重金属含量均符合国家相关标准。

(2)煤基固体废弃物的含水量控制在 8%～10%,细度控制为 1.00～2.50 mm,对煤基复混肥生产较为有利。

4 煤基复混肥不同处理对土壤化学性状的影响

提高土壤肥力是土地持续利用和农业可持续发展的重要保证，施肥是补充农田养分以保持和提高土壤肥力的重要手段（杜伟，2010）。长期以来，大量施用化肥达到高产目的或不合理施用化肥导致土壤有机质逐年降低和土壤退化，同时也引起资源浪费和环境污染等问题。有机-无机复混肥可以兼顾有机肥料和化学肥料二者的优点，可在为植物提供充足的营养物质的同时，改良土壤理化性状，有关这方面的研究是近年来的研究热点（杜伟等，2012）。

当前利用各种工农业废弃物制备而成的有机-无机复混肥在农田上的应用研究比较多（Carter M，1999；Liu E K et al.，2010；魏巍，2013；张玉平，2012；张小莉，2009；杜伟等，2015），但对有机-无机复混肥的节本增效作用存在一定的争议（杜伟等，2015；赵定国等，2004）。相比之下，关于煤基复混肥在大田土壤上的应用鲜见报道。

本章通过煤基复混肥不同处理条件下，研究其对复垦区和熟土区玉米不同生育期土壤全量养分和速效养分的影响。

4.1 试验设计与分析项目

试验地点和试验设计同第二部分。

试验过程中，分别于玉米拔节期（6 月上旬）、灌浆期（8 月上旬）和成熟期（10 月上旬）用土钻在两个试验区采集 0～20 cm 深土样，每个小区各采 5 钻，混合土样后带回实验室。土壤碱解氮、有效磷和速效钾含量分别于三个生育时期测定。土壤有机质和全氮、全磷、全钾含量则只在成熟期测定。

土壤样品测定方法（鲍士旦，2000）：土壤有机质采用油浴加热 $K_2Cr_2O_7$ 容量法；全氮采用凯氏定氮法；全磷采用钼锑抗比色法；全钾采用 NaOH 熔融-原子吸收法；碱解氮采用碱解扩散法；有效磷采用钼锑抗比色法；土壤速效钾采用火焰光度计法。

4.2 煤基复混肥不同处理对复垦土壤养分的影响

4.2.1 煤基复混肥不同处理对复垦土壤全量养分含量的影响

1. 煤基复混肥不同处理对复垦土壤有机质含量的影响

煤基复混肥不同处理对复垦土壤有机质含量影响显著(表 4-1)。单施复混肥条件下,随施肥水平提高,有机质呈增加趋势。与 CK 相比,各施肥处理土壤有机质提高了 27.78%~69.57%,且与 CK 间均有显著差异($P<0.05$)。N390 施肥水平土壤有机质含量最高,为 7.02 g/kg,且与 N300 施肥水平间无显著差异。

表 4-1 煤基复混肥不同处理对复垦土壤有机质和全量养分含量的影响

Tab. 4-1 Effects of different fertilizers on the content of soil OM and total nutrients of reclaimed soil

施肥类型 Type of fertilizer	施肥水平 Fertilizer levels /(kg/hm^2)	有机质 OM /(g/kg)	全氮 Total N /(g/kg)	全磷 Total P (g/kg)	全钾 Total K (g/kg)
单施复混肥 Compound fertilizer	N120	5.29Ac	0.29Ac	0.33Ad	14.47Ac
	N210	5.86Ab	0.34Ab	0.37Ac	15.41Bb
	N300	6.67Ba	0.36Aa	0.42Ab	16.00Ab
	N390	7.02Ba	0.37Aa	0.46Aa	16.95Aa
	N0	4.14d	0.24d	0.26e	12.02d
菌肥+复混肥 Compound fertilizer and bacterial manure	N120	5.36Ac	0.31Ac	0.30Bc	13.94Bc
	N210	5.95Ab	0.36Ab	0.32Bc	15.22Bb
	N300	6.72Ba	0.37Ab	0.39Ab	15.79Ab
	N390	7.05Ba	0.39Aa	0.43Aa	16.48Ba
	N0	4.14d	0.24d	0.26d	12.02d
基质+复混肥 Compound fertilizer and matrix	N120	5.45Ac	0.30Ad	0.33Ad	14.53Ac
	N210	6.09Ab	0.34Ac	0.36Ac	15.71Ab
	N300	6.87Aa	0.36Ab	0.40Ab	15.58Bb
	N390	7.22Aa	0.38Aa	0.44Aa	16.83Aa
	N0	4.14d	0.24e	0.26e	12.02d

注:表中小写字母表示同一施肥类型、不同施肥水平间显著性差异;大写字母表示不同施肥类型、同一施肥水平间显著性差异($P<0.05$),下文与此相同。

菌肥与复混肥配施条件下，与CK相比，各施肥处理土壤有机质含量提高了29.47%～72.22%。随施肥水平提高，有机质呈增加趋势。在N390施肥水平土壤有机质达到最高，为7.13 g/kg，且与N300施肥水平无显著差异（$P<0.05$）。

基质与复混肥配施条件下，各个施肥处理与CK相比，土壤有机质提高了31.64%～69.57%。随施肥水平的提高，有机质含量呈增加趋势。在N390施肥水平，土壤有机质达到最高，为7.02 g/kg，且与N300施肥水平间无显著差异（$P<0.05$）。

三种施肥类型、同一施肥水平间土壤有机质含量进行比较可知。在N120和N210施肥水平，三种施肥类型、同一施肥水平间土壤有机质含量无显著差异，但在N300和N390施肥水平，基质＋复混肥有机质含量显著高于单施复混肥或菌肥＋复混肥。这一方面说明随着施肥水平提高，有机质含量增加；另一方面也可能由于菌肥＋复混肥处理中，更多的微生物存在利于有机质分解和吸收，因此，基质＋复混肥处理的有机质含量积累量更高，且在高于N300施肥水平时，基质＋复混肥处理的有机质含量与单施复混肥或菌肥＋复混肥相比有显著差异。这一现象与王晓娟（2009）在旱地进行有机培肥，提高土壤有机质含量研究结论有相似之处。

2. 煤基复混肥不同处理对复垦土壤全氮含量的影响

各个施肥处理均不同程度地提高了土壤全氮含量（表4-1）。单施复混肥条件下，各个施肥水平与CK相比土壤全氮量提高了15.61%～51.02%，且均与CK间有显著差异。随施肥水平的提高，土壤全氮量显著增加。

菌肥与复混肥配施时，各个施肥水平与CK相比土壤全氮量提高了22.84%～63.90%，且均与CK间有显著差异。随施肥水平的提高，土壤全氮量也显著增加，且在N390水平达到最高。N120、N210、N300、N390各施肥水平间有显著差异。

基质与复混肥配施时，各施肥水平与CK相比土壤全氮量提高了19.79%～61.91%，且均与CK间有显著差异。土壤全氮量在N390水平达到最高。N120、N210、N300、N390各施肥水平间有显著差异。

以上分析表明，三种施肥类型、同一施肥水平间土壤全氮含量并无显著差异，但在不同施肥类型、同一水平间有明显差异，且在施肥水平最高时土壤全氮含量达到最大。说明土壤全氮含量高低主要与施肥水平高低有关。

3. 煤基复混肥不同处理对复垦土壤全磷含量的影响

各个施肥处理均不同程度地提高了土壤全磷含量（表4-1）。单施复混肥条件下，各个施肥水平与CK相比土壤全磷量提高了26.92%～76.92%，且均与CK间有显著差异。随施肥水平的提高，土壤全磷量也显著增加。

菌肥与复混肥配施时，各个施肥水平土壤全磷量与CK相比提高了23.07%～65.38%，且均与CK间有显著差异。随施肥水平的提高，土壤全磷量也显著增加。

基质与复混肥配施时，各个施肥水平与CK相比提高了26.92%～69.23%，土壤全磷量有显著差异($P<0.05$)。随施肥水平的提高，土壤全磷量也显著增加。在各个施肥水平间土壤全磷量有显著差异。

三种施肥类型、同一施肥水平间土壤全磷含量比较可知，在N120和N210施肥水平，菌肥+复混肥全磷含量显著低于单施复混肥或基质+复混肥。但在N300和N390施肥水平，三种施肥类型间全磷含量均无显著性差异。这说明施入解磷菌肥后，增大了植物对磷素的解吸，促进植物吸收利用，从而导致土壤全磷含量显著低于单施复混肥或基质+复混肥。研究表明(乔志伟，2013)，施入解磷菌肥可利于无机磷转化为微生物量磷，并提高磷的作物有效性，从而提高了作物对磷素的吸收利用。

4. 煤基复混肥不同处理对复垦土壤全钾含量的影响

煤基复混肥不同处理均不同程度地提高了土壤全钾含量(表4-1)。单施复混肥条件下，各个施肥水平与CK相比土壤全钾量提高了19.61%～43.57%，且均与CK间有显著差异。随施肥水平的提高，土壤全钾量也显著增加。在N390水平，土壤全钾含量最高，为16.95 g/kg。

菌肥与复混肥配施时，各个施肥水平土壤全钾量与CK相比提高了13.80%～41.06%，且均与CK间有显著差异($P<0.05$)。在N390水平，土壤全钾含量最高，为16.48 g/kg。

基质与复混肥配施时，各个施肥水平土壤全钾量与CK相比提高了15.22%～47.36%，且均与CK间有显著差异。在N390水平，土壤全钾含量最高，为16.83 g/kg。

三种施肥类型、同一施肥水平间相互比较可知，土壤全钾含量在N300施肥水平，基质与复混肥配施低于单施复混肥或菌肥与复混肥配施，且有显著差异。在N120和N210施肥水平，菌肥与复混肥配施低于基质与复混肥配施，且有显著差异。

4.2.2 煤基复混肥不同处理对复垦土壤速效养分含量的影响

1. 煤基复混肥不同处理对复垦土壤碱解氮含量的影响

复垦土壤碱解氮含量因不同施肥水平和不同生育期有较大变化。从生育期来看，土壤碱解氮含量大小依次为：拔节期>灌浆期>成熟期。在各个生育期，煤基复混肥不同处理的各施肥水平均与CK间有显著差异。从施肥水平来看，各个施

肥类型的土壤碱解氮含量均随施肥水平的提高而提高(图 4-1、图 4-2、图 4-3)。

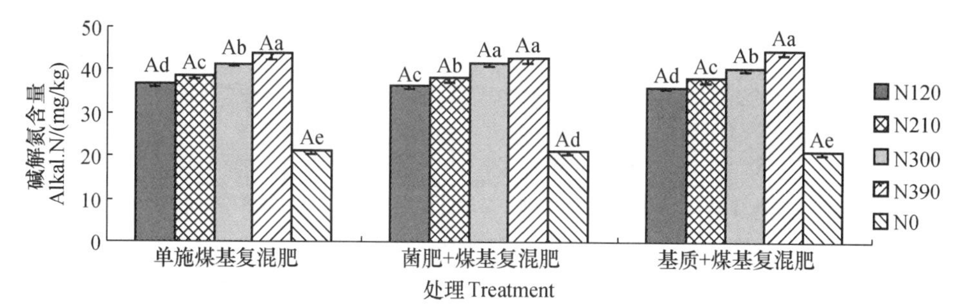

图 4-1 煤基复混肥不同处理对玉米拔节期复垦土壤碱解氮含量的影响

Fig. 4-1 Effects of different fertilizers on the content of alkal. N in maize jointing stage of reclaimed soil

注:图中小写字母表示同一施肥类型、不同施肥水平间显著性差异;大写字母表示不同施肥类型、同一施肥水平间显著性差异($P<0.05$),下文与此相同。

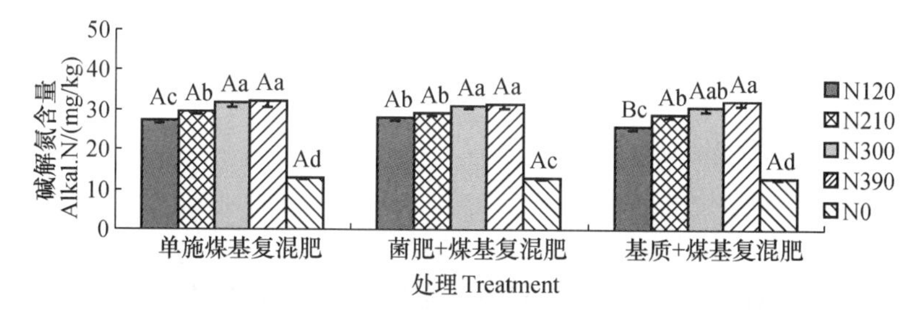

图 4-2 煤基复混肥不同处理对玉米灌浆期复垦土壤碱解氮含量的影响

Fig. 4-2 Effects of different fertilizers on the content of alkal. N in maize filling stage of reclaimed soil

在拔节期,土壤碱解氮含量随施肥水平增加有递增趋势,各施肥水平均与 CK 有显著差异。单施复混肥、菌肥与复混肥配施、基质与复混肥配施时,土壤碱解氮均在 N390 施肥水平达到最大,分别为 43.85 mg/kg、42.82 mg/kg、44.78 mg/kg。

在灌浆期,土壤碱解氮含量随施肥水平增加有递增趋势,各施肥水平均与 CK 有显著差异。单施复混肥、菌肥与复混肥配施、基质与复混肥配施时,土壤碱解氮均在 N390 施肥水平达到最大,分别为 32.37 mg/kg、31.42 mg/kg、32.13 mg/kg。

在成熟期,土壤碱解氮含量随施肥水平增加有递增趋势,各施肥处理均与 CK 有显著差异。单施复混肥、菌肥与复混肥配施、基质与复混肥配施时,土壤碱解氮均在 N390 施肥水平达到最大,分别为 26.01 mg/kg、24.57 mg/kg、25.28 mg/kg。

三种施肥类型、同一施肥水平间相互比较可知,拔节期土壤碱解氮含量差异不

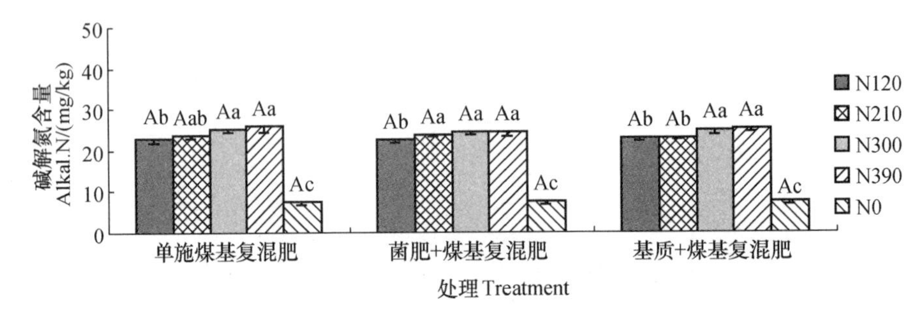

图 4-3 煤基复混肥不同处理对玉米成熟期复垦土壤碱解氮含量的影响

Fig. 4-3 Effects of different fertilizers on the content of alkal. N in maize mature of reclaimed soil

显著。灌浆期基质＋复混肥土壤碱解氮含量在 N120 施肥水平显著低于单施复混肥、菌肥＋复混肥，其他各个施肥水平均无显著差异。成熟期，三种施肥类型、同一施肥水平间碱解氮含量均无显著差异。

2. 煤基复混肥不同处理对复垦土壤有效磷含量的影响

在玉米不同生育期，煤基复混肥不同处理对复垦土壤 0～20 cm 有效磷含量有较大影响（图 4-4、图 4-5、图 4-6）。

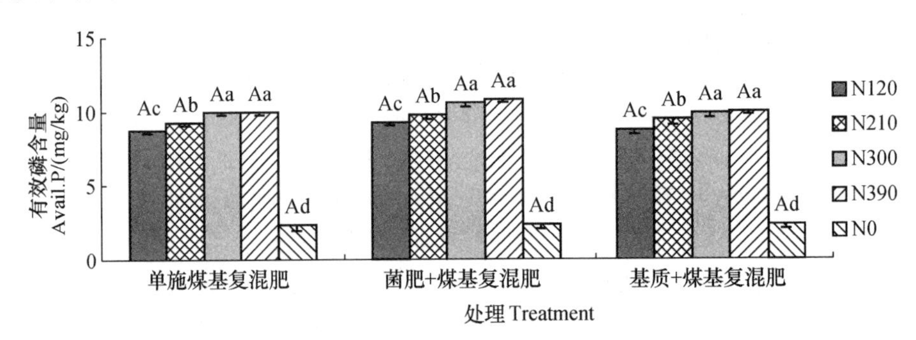

图 4-4 煤基复混肥不同处理对玉米拔节期复垦土壤有效磷含量的影响

Fig. 4-4 Effects of different fertilizers on the content of avail. P in maize jointing stage of reclaimed soil

在玉米拔节期，土壤有效磷含量随施肥水平增加有递增趋势，三种施肥类型、不同施肥水平均与 CK 有显著差异。单施复混肥，土壤有效磷含量在 N300 水平达到最高，为 10.01 mg/kg；菌肥＋复混肥、基质＋复混肥，土壤有效磷含量均在 N390 水平达到最高，分别为 10.60 mg/kg、9.99 mg/kg。

在玉米灌浆期，各施肥处理的不同施肥水平均与 CK 有显著差异。单施复混

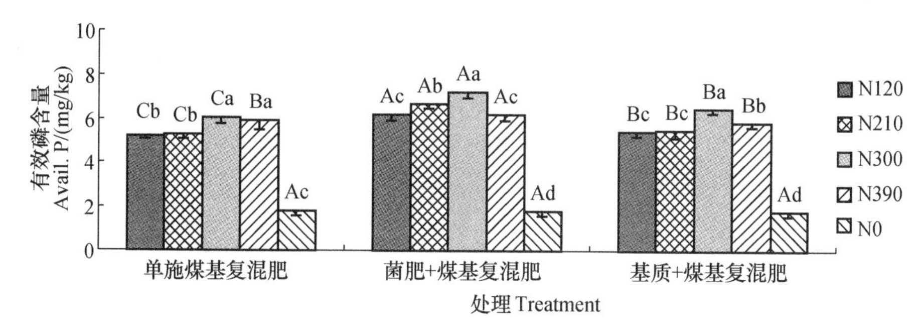

图 4-5 煤基复混肥不同处理对玉米灌浆期复垦土壤有效磷含量的影响

Fig. 4-5 Effects of different fertilizers on the content of avail. P in maize filling stage of reclaimed soil

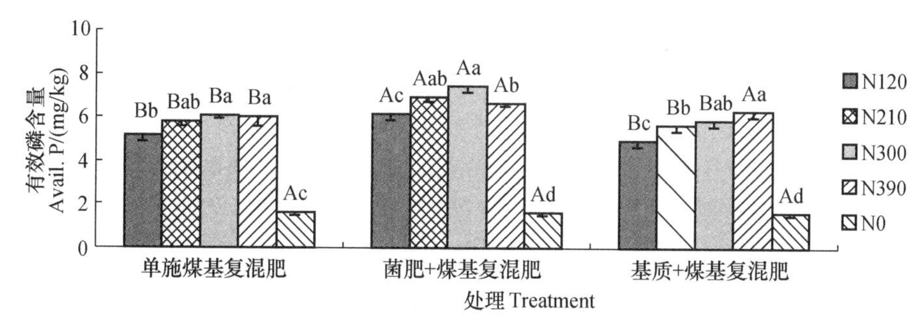

图 4-6 煤基复混肥不同处理对玉米成熟期复垦土壤有效磷含量的影响

Fig. 4-6 Effects of different fertilizers on the content of avail. P in maize mature of reclaimed soil

肥、菌肥与复混肥配施、基质与复混肥配施，土壤有效磷均在 N300 施肥水平最大，分别为 6.06 mg/kg、7.26 mg/kg、6.46 mg/kg。

在玉米成熟期，各施肥处理的不同施肥水平均与 CK 有显著差异。单施复混肥、菌肥与复混肥配施，土壤有效磷均在 N300 施肥水平最大，分别为 6.04 mg/kg、7.31 mg/kg；基质与复混肥配施时，在 N390 施肥水平达到最大，为 6.22 mg/kg。

三种施肥类型、同一施肥水平间相互比较可知，拔节期，土壤有效磷含量差异不显著；灌浆期，菌肥＋复混肥土壤有效磷含量在各个施肥水平均显著高于单施复混肥或基质＋复混肥。成熟期，菌肥＋复混肥土壤有效磷含量在 N120、N210、N300 施肥水平均显著高于单施复混肥或基质＋复混肥，这很可能是解磷菌肥施入后具有专性解磷作用的菌群促进了对土壤磷素的解吸，从而导致土壤有效磷含量较高。相比之下，在拔节期因施入肥料时间较短，水热资源较缺乏，解磷菌肥尚未发挥明显优势;在灌浆期,水热资源丰富,作物生长旺盛,促进了解磷菌的繁殖和活动,因而可以显著增加土壤有效磷含量,在成熟期,土壤微生物仍保持有较高活性,因此菌肥与复混肥配施使土壤有效磷含量显著高于单施复混肥或基质与复混肥配施。这与乔志伟(2013)在复垦土壤上进行磷细菌解磷作用研究结果类似。

3. 煤基复混肥不同处理对复垦土壤速效钾含量的影响

在玉米不同生育期,煤基复混肥不同处理对复垦土壤0～20 cm速效钾含量有较大影响(图4-7、图4-8、图4-9)。

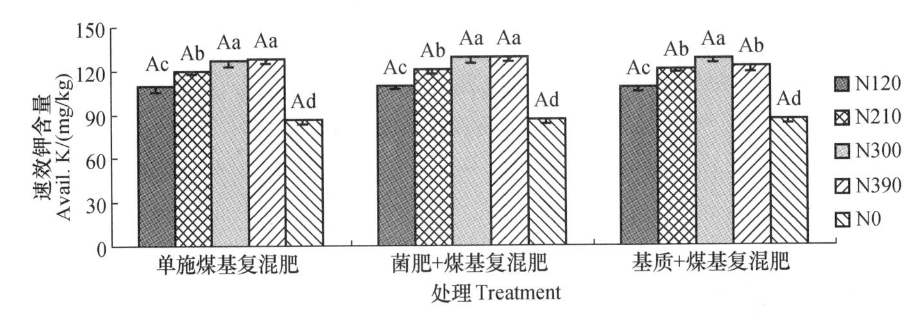

图4-7 煤基复混肥不同处理对玉米拔节期复垦土壤速效钾含量的影响

Fig. 4-7 Effects of different fertilizers on the content of avail. K in maize jointing stage of reclaimed soil

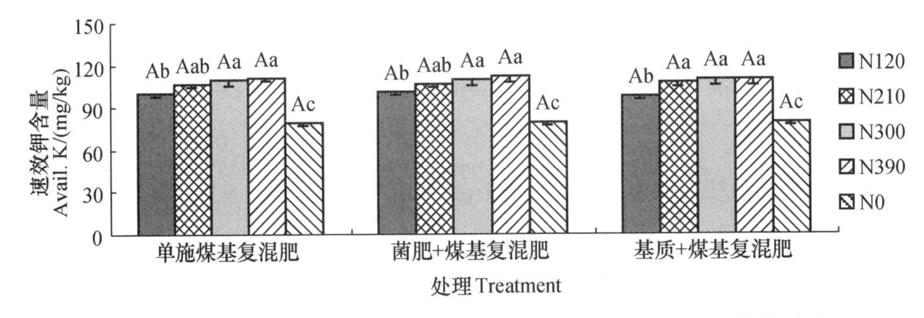

图4-8 煤基复混肥不同处理对玉米灌浆期复垦土壤速效钾含量的影响

Fig. 4-8 Effects of different fertilizers on the content of avail. K in maize filling stage of reclaimed soil

在玉米拔节期,土壤速效钾含量随施肥水平增加有递增趋势,各施肥处理均与CK有显著差异($P<0.05$)。单施复混肥、菌肥与复混肥配施,土壤速效钾均在N390施肥水平最大,分别为128.12 mg/kg、129.53 mg/kg;基质与复混肥配施时,在N300施肥水平达到最大,为128.05 mg/kg。

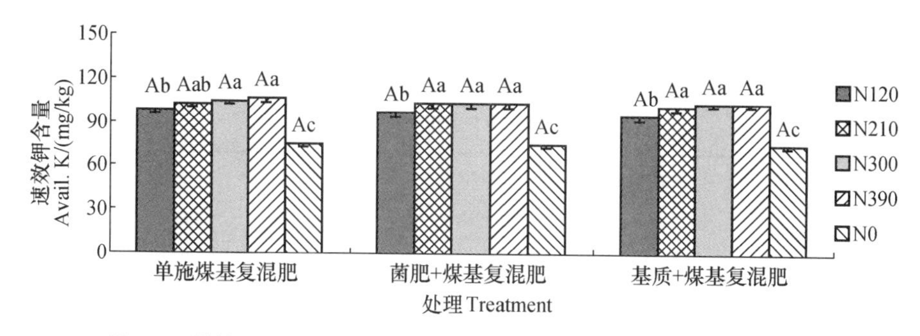

图 4-9 煤基复混肥不同处理对玉米成熟期复垦土壤速效钾含量的影响

Fig. 4-9 Effects of different fertilizers on the content of avail. K in maize mature of reclaimed soil

在玉米灌浆期，各施肥处理均与 CK 有显著差异($P<0.05$)。单施复混肥时，土壤速效钾在 N390 施肥水平最大，为 110.98 mg/kg，与 N300 施肥水平非常接近；菌肥与复混肥配施时，在 N390 施肥水平达到最大，为 111.98 mg/kg；基质与复混肥配施时，在 N300 施肥水平达到最大，为 109.82 mg/kg。

在玉米成熟期，各施肥处理均与 CK 有显著差异($P<0.05$)。单施复混肥时，土壤速效钾在 N390 施肥水平最大，为 106.11 mg/kg；菌肥与复混肥配施时，在 N300 施肥水平达到最大，为 103.43 mg/kg；基质与复混肥配施时，在 N390 施肥水平达到最大，为 103.56 mg/kg。

三种施肥类型、同一施肥水平间相互比较可知，土壤速效钾含量在拔节期、灌浆期和成熟期均无显著差异。以上分析有可能说明，菌肥施入后虽可对土壤微生物性状和有效磷形成明显影响，但对土壤速效钾含量并无显著影响，有关速效钾含量变化和菌肥与煤基复混肥配施之间的关系尚需进一步深入研究来确定。

4.3 煤基复混肥不同处理对熟土区土壤养分的影响

4.3.1 煤基复混肥不同处理对熟土区土壤全量养分含量的影响

1. 煤基复混肥不同处理对熟土区土壤有机质含量的影响

在熟土区，煤基复混肥不同处理、同一施肥水平间，土壤有机质含量差异不显著($P<0.05$)；而同一处理的不同施肥水平间，土壤有机质含量有明显差异(表 4-2)。

表 4-2 煤基复混肥不同处理对熟土区土壤有机质和全量养分含量的影响

Tab. 4-2 Effects of different fertilizers on the content of soil OM and total nutrients of mellow soil

施肥类型 Type of fertilizer	施肥水平 Fertilizer levels /(kg/hm²)	有机质 OM /(g/kg)	全氮 Total N /(g/kg)	全磷 Total P /(g/kg)	全钾 Total K /(g/kg)
单施复混肥 Compound fertilizer	N120	16.88Ac	0.67Ac	0.64Ac	20.32Ab
	N210	17.43Ab	0.71Abc	0.71Ab	19.85Bc
	N300	18.14Aa	0.74Ab	0.74Ab	21.91Aa
	N390	18.34Aa	0.79Aa	0.78Aa	21.89Aa
	N0	15.82d	0.62d	0.54d	17.44d
菌肥+复混肥 Compound fertilizer and bacterial manure	N120	16.74Ac	0.67Ad	0.62Ad	20.15Ac
	N210	17.39Ab	0.71Ac	0.68Ac	20.88Ab
	N300	18.39Aa	0.75Ab	0.72Ab	22.04Aa
	N390	18.68Aa	0.79Aa	0.76Aa	21.97Aa
	N0	15.82d	0.62e	0.54e	17.44d
基质+复混肥 Compound fertilizer and matrix	N120	16.81Ac	0.68Ac	0.65Ac	20.13Ac
	N210	17.67Ab	0.70Ac	0.70Ab	21.09Ab
	N300	18.37Aa	0.74Ab	0.75Aa	20.97Bb
	N390	18.65Aa	0.80Aa	0.78Aa	22.17Aa
	N0	15.82d	0.62d	0.54d	17.44d

单施复混肥时，随施肥水平提高，有机质呈增加趋势。与 CK 相比，各施肥水平土壤有机质含量提高了 6.46%～16.27%，且与 CK 间均有显著差异($P<0.05$)。在 N390 施肥水平，土壤有机质达到最高，为 18.34 g/kg。

菌肥与复混肥配施时，各施肥水平土壤有机质与 CK 相比，提高了 5.74%～18.23%。随施肥水平的提高，有机质呈增加趋势。在 N390 施肥水平，土壤有机质达到最高，为 18.68 g/kg，且与其他各施肥水平间有显著差异。

基质与复混肥配施时，各施肥水平土壤有机质与 CK 相比提高了 6.17%～17.94%。随施肥水平的提高，有机质含量呈增加趋势。在 N390 施肥水平，土壤有机质达到最高，为 18.65 g/kg，且与其他各施肥水平间有显著差异。

三种施肥类型、同一施肥水平间相互比较可知，土壤有机质含量在收获期均无显著差异。这可能与熟土区本身有机质含量水平较高，不同肥料类型均含有较高的有机质，故在同一施肥水平间尚未能体现出明显差异有关。而在高量和超高量施肥水平，有机质含量有明显差异。煤基复混肥施用可提高土壤有机质含量，从而有利于改善土壤结构。这一点与鲁叶江等(2012)在矿区施用有机肥对复垦土壤特性研究结果接近。

2. 煤基复混肥不同处理对熟土区土壤全氮量的影响

各种施肥处理均不同程度地提高了土壤全氮含量；煤基复混肥不同处理的同一施肥水平间比较，土壤全氮含量的差异不显著(表 4-2)。

单施复混肥时，与 CK 相比，各个施肥水平土壤全氮量提高了 7.87%～28.21%，且均与 CK 间有显著差异($P<0.05$)。随施肥水平的提高，土壤全氮量逐渐增加。在 N390 施肥水平，土壤全氮含量达最大，为 0.79 g/kg。菌肥与复混肥配施时，与 CK 相比，各施肥水平土壤全氮量提高了 8.47%～27.52%，且均与 CK 间有显著差异($P<0.05$)。随施肥水平的提高，土壤全氮量呈增加趋势。在 N390 施肥水平达到最高，为 0.79 g/kg。基质与复混肥配施时，与 CK 相比，各施肥水平土壤全氮量提高了 9.02%～28.53%，且均与 CK 间有显著差异($P<0.05$)。土壤全氮量在 N390 施肥水平达到最高，为 0.80 g/kg。

综上所述，三种施肥类型、同一施肥水平间相互比较可知，土壤全氮含量在拔节期、灌浆期和成熟期均无显著差异。同一施肥类型、不同施肥水平均可提高土壤全氮含量，为作物或微生物生存环境改善提供有利条件，这与白震(2008)的研究结果有相似之处。

3. 煤基复混肥不同处理对熟土区土壤全磷量的影响

煤基复混肥不同处理均提不同程度地提高了土壤全磷量(表 4-2)。单施复混肥条件下，与 CK 相比，各个施肥处理土壤全磷量提高了 18.37%～46.93%，且均与 CK 间有显著差异。随施肥水平的提高，土壤全磷量也显著增加。在 N390 施肥水平达到最高，为 0.78 g/kg。

菌肥与复混肥配施时，与 CK 相比，各施肥处理土壤全磷量提高了 14.78%～40.82%，且均与 CK 间有显著差异($P<0.05$)。随施肥水平的提高，土壤全磷量也显著增加。且在 N390 施肥水平达到最高，为 0.76 g/kg。与单施复混肥相比，菌肥与复混肥配施的各施肥水平土壤全磷含量有所降低，但均未达到显著差异，这可能与施入解磷菌肥，增大了磷素的吸收利用有关。

基质与复混肥配施时，各个施肥处理与 CK 相比土壤全磷量有显著差异($P<$

0.05)。随施肥水平的提高，土壤全磷量也显著增加。土壤全磷含量较CK增加了20.19%～44.96%。在N390施肥水平达到最高，为0.78 g/kg。

三种施肥类型、同一施肥水平间相互比较可知，土壤全磷含量在拔节期、灌浆期和成熟期均无显著差异。

4. 煤基复混肥不同处理对熟土区土壤全钾含量的影响

煤基复混肥不同处理均不同程度地提高了土壤全钾含量(表4-2)。单施复混肥条件下，与CK相比，各个施肥处理土壤全钾量提高了13.41%～25.68%，且均与CK间有显著差异。随施肥水平的提高，土壤全钾量也显著增加。在N300水平，土壤全钾含量最高，为21.91 g/kg，且与N390水平间差异不显著($P<0.05$)。

菌肥与复混肥配施时，与CK相比，各个施肥处理土壤全钾量提高了15.43%～26.45%，且均与CK间有显著差异。在N300水平，土壤全钾含量最高，为22.04 g/kg。

基质与复混肥配施时，与CK相比，各个施肥处理土壤全钾量提高了15.22%～27.36%，且均与CK间有显著差异。在N390水平，土壤全钾含量最高，为22.17 g/kg。

三种施肥类型、同一施肥水平间相互比较可知，土壤全钾含量只在拔节期单施复混肥N210施肥水平显著低于菌肥与复混肥配施或基质与复混肥配施，而在灌浆期和成熟期均无显著差异。

4.3.2 煤基复混肥不同处理对熟土区土壤速效养分含量的影响

1. 煤基复混肥不同处理对熟土区土壤碱解氮含量的影响

碱解氮含量因不同施肥水平和玉米不同生育期有较大变化。从生育期来看，土壤碱解氮含量在拔节期最低，灌浆期和成熟期较高，且灌浆期和成熟期碱解氮含量较为接近。在各生育期，各施肥水平均与CK间有显著差异。从施肥水平来看，土壤碱解氮含量呈随施肥水平提高有递增趋势，不同生育期和不同施肥类型间差异如图4-10、图4-11、图4-12所示。

在玉米拔节期，土壤碱解氮含量随施肥水平增加有递增趋势，各施肥水平均与CK有显著差异。单施复混肥、菌肥与复混肥配施、基质与复混肥配施时，土壤碱解氮均在N390施肥水平达到最大，分别为51.98 mg/kg、50.82 mg/kg、52.75 mg/kg。

在玉米灌浆期，土壤碱解氮含量随施肥水平增加有递增趋势，各施肥水平均与CK有显著差异。单施复混肥、菌肥与复混肥配施、基质与复混肥配施时，土壤碱解氮均在N390施肥水平达到最大，分别为64.28 mg/kg、58.32 mg/kg、60.35 mg/kg。

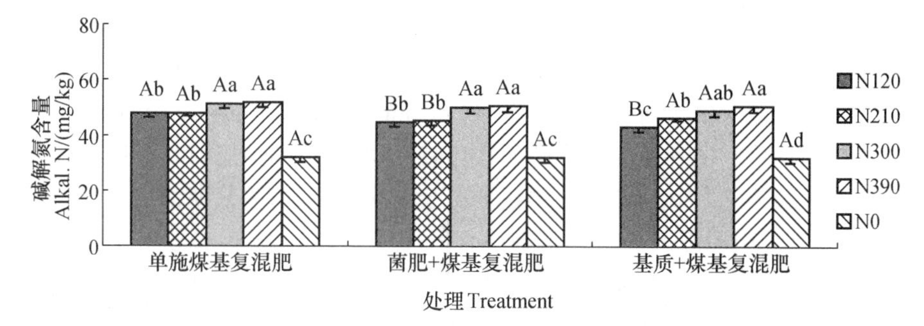

图 4-10 煤基复混肥不同处理对玉米拔节期熟土区土壤碱解氮含量的影响

Fig. 4-10 Effects of different fertilizers on the content of alkal. N in maize jointing stage of mellow soil

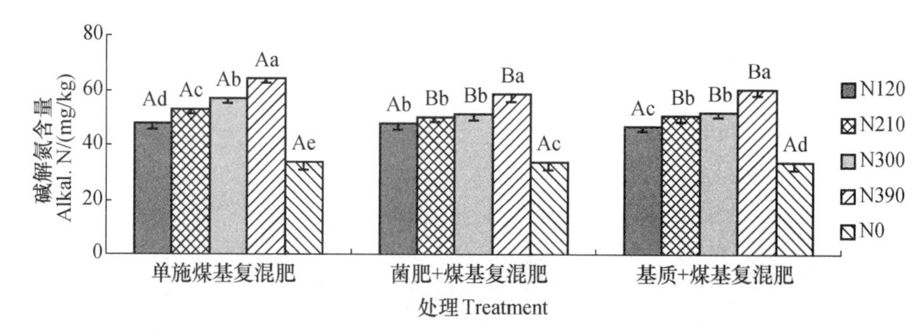

图 4-11 煤基复混肥不同处理对玉米灌浆期熟土区土壤碱解氮含量的影响

Fig. 4-11 Effects of different fertilizers on the content of alkal. N in maize filling stage of mellow soil

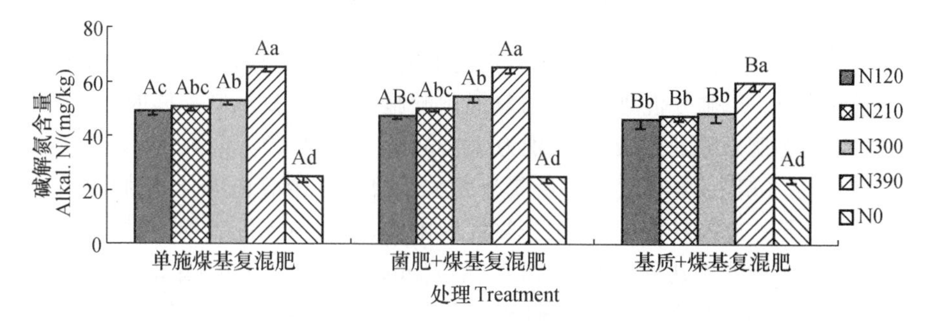

图 4-12 煤基复混肥不同处理对玉米成熟期熟土区土壤碱解氮含量的影响

Fig. 4-12 Effects of different fertilizers on the content of alkal. N in maize mature of mellow soil

在玉米成熟期，土壤碱解氮含量随施肥水平增加有递增趋势，各施肥处理均与CK有显著差异。单施复混肥、菌肥与复混肥配施、基质与复混肥配施时，土壤碱解氮均在N390施肥水平达到最大，分别为65.45 mg/kg、65.25 mg/kg、59.62 mg/kg。

三种施肥类型、同一施肥水平间相互比较可知，拔节期菌肥与复混肥配施碱解氮含量在N120和N210施肥水平均显著低于单施复混肥；灌浆期菌肥与复混肥配施及基质与复混肥配施碱解氮含量在N120、N210、N300施肥水平均显著低于单施复混肥。成熟期，基质与复混肥配施碱解氮含量各个施肥水平均显著低于单施复混肥；菌肥与复混肥配施碱解氮含量与单施复混肥相比，各个施肥水平均无显著差异。

2. 煤基复混肥不同处理对熟土区土壤有效磷含量的影响

在各个玉米生育期，土壤有效磷含量均随施肥水平的增加呈增加的趋势（图4-13、图4-14、图4-15）。

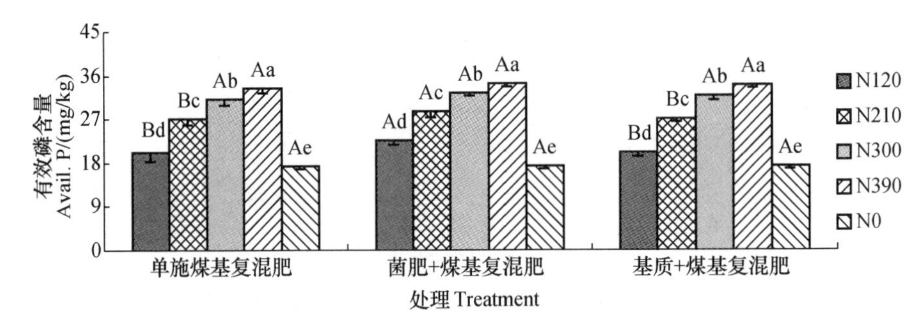

图4-13 煤基复混肥不同处理对玉米拔节期熟土区土壤有效磷含量的影响

Fig. 4-13 Effects of different fertilizers on the content of avail. P in maize jointing stage of mellow soil

在玉米拔节期，土壤有效磷含量随施肥水平增加有递增趋势，各施肥水平均与CK有显著差异。单施复混肥、菌肥与复混肥配施、基质与复混肥配施时，土壤有效磷均在N390施肥水平达到最大，分别为33.36 mg/kg、34.40 mg/kg、33.91 mg/kg。

在玉米灌浆期，土壤有效磷含量随施肥水平增加有递增趋势，各施肥水平均与CK有显著差异。单施复混肥、菌肥与复混肥配施、基质与复混肥配施时，土壤有效磷均在N390施肥水平达到最大，分别为24.57 mg/kg、26.73 mg/kg、23.67 mg/kg。

在玉米成熟期，土壤有效磷含量随施肥水平增加有递增趋势，各施肥处理均与CK有显著差异。单施复混肥、菌肥与复混肥配施、基质与复混肥配施时，土壤有效磷均在N390施肥水平达到最大，分别为21.23 mg/kg、22.76 mg/kg、22.49 mg/kg。

三种施肥类型、同一施肥水平间相互比较可知，拔节期菌肥与复混肥配施有效

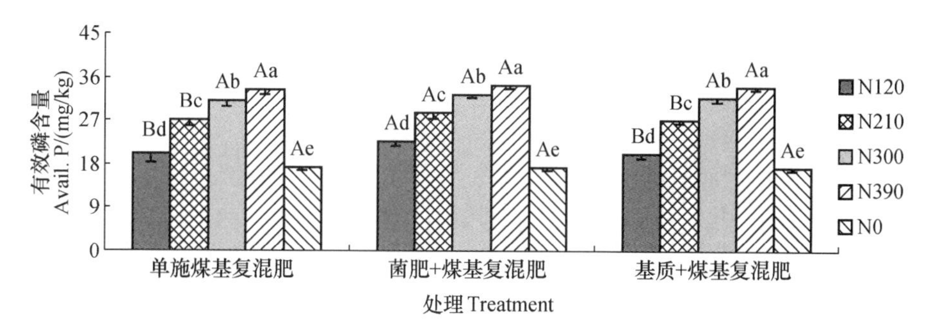

图 4-14 煤基复混肥不同处理对玉米灌浆期熟土区土壤有效磷含量的影响

Fig. 4-14 Effects of different fertilizers on the content of avail. P in maize filling stage of mellow soil

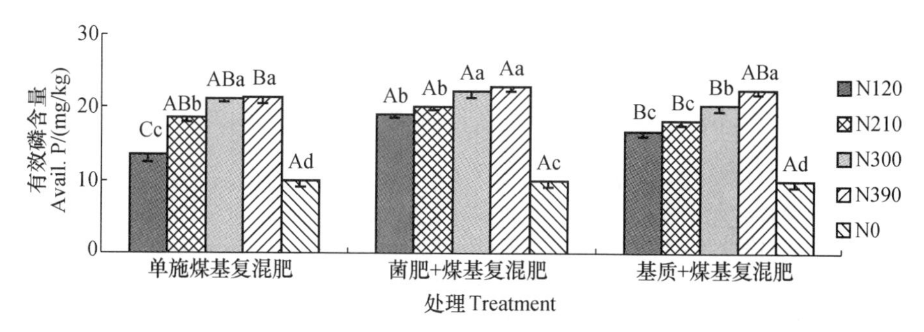

图 4-15 煤基复混肥不同处理对玉米成熟期熟土区土壤有效磷含量的影响

Fig. 4-15 Effects of different fertilizers on the content of avail. P in maize mature of mellow soil

磷含量在 N120 和 N210 施肥水平均显著高于单施复混肥或基质与复混肥配施；灌浆期菌肥与复混肥配施有效磷含量在各个施肥水平均显著高于单施复混肥。成熟期，菌肥与复混肥配施有效磷含量各个施肥水平均高于单施复混肥，且在 N120 和 N390 有显著差异。

3. 煤基复混肥不同处理对熟土区土壤速效钾含量的影响

从施肥水平看，土壤速效钾含量随施肥水平的增加具有增加的趋势(图 4-16、图 4-17、图 4-18)。从玉米生育期看，随玉米生育期推进，不同施肥类型的土壤速效钾含量均在拔节期最高，灌浆期次之，成熟期最低。

在玉米拔节期，土壤速效钾含量随施肥水平增加有递增趋势，各施肥处理均与 CK 有显著差异($P<0.05$)。单施复混肥、菌肥与复混肥配施、基质与复混肥配施，土壤速效钾均在 N390 施肥水平最大，分别为 276.77 mg/kg、262.24 mg/kg、

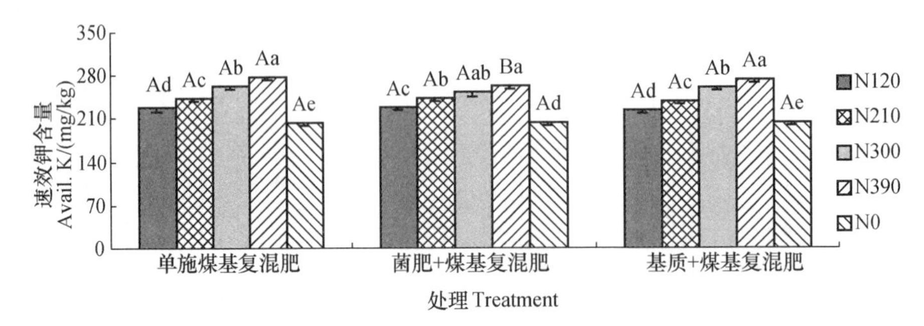

图 4-16 煤基复混肥不同处理对玉米拔节期熟土区土壤速效钾含量的影响

Fig. 4-16 Effects of different fertilizers on the content of avail. K in maize jointing stage of mellow soil

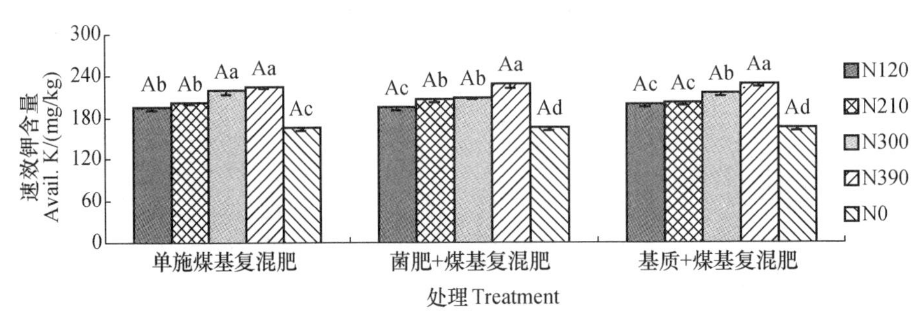

图 4-17 煤基复混肥不同处理对玉米灌浆期熟土区土壤速效钾含量的影响

Fig. 4-17 Effects of different fertilizers on the content of avail. K in maize filling stage of mellow soil

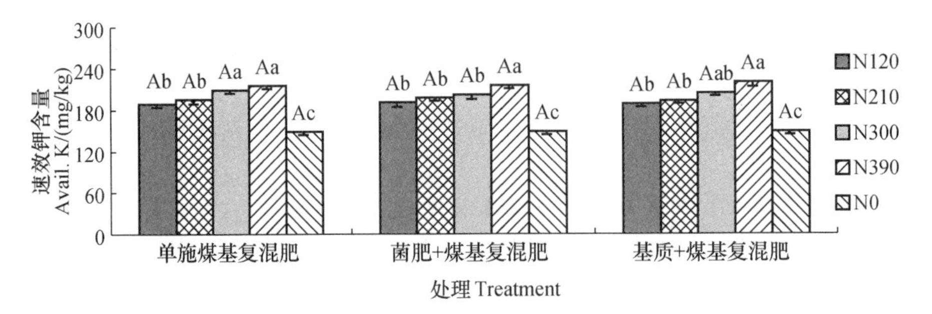

图 4-18 煤基复混肥不同处理对玉米成熟期熟土区土壤速效钾含量的影响

Fig. 4-18 Effects of different fertilizers on the content of avail. K in maize mature of mellow soil

273.08 mg/kg。

在玉米灌浆期，各施肥处理均与 CK 有显著差异($P<0.05$)。单施复混肥、菌肥与复混肥配施、基质与复混肥配施时，土壤速效钾均在 N390 施肥水平达到最大，分别为 224.76 mg/kg、227.28 mg/kg、228.94 mg/kg。

在玉米成熟期，各施肥处理均与 CK 有显著差异($P<0.05$)。单施复混肥、菌肥与复混肥配施、基质与复混肥配施时，土壤速效钾均在 N390 施肥水平达到最大，分别为 216.51 mg/kg、216.32 mg/kg、219.75 mg/kg。

三种施肥类型、同一施肥水平间相互比较可知，拔节期、灌浆期、成熟期土壤速效钾含量均无显著差异。

4.4　讨论

提高土壤肥力是土地持续利用和农业可持续发展的重要保证，施肥是补充农田养分以保持和提高土壤肥力的重要手段(杜伟，2010)。长期以来，大量施用化肥达到高产目的或不合理施用化肥导致土壤有机质逐年降低和土壤退化，同时也引起资源浪费和环境污染等问题。有机-无机复混肥可以兼顾有机肥料和化学肥料二者的优点，可在为植物提供充足的营养物质的同时，改良土壤理化性状，有关这方面的研究是近年来的研究热点(杜伟，2012；荣勤雷，2014；刘丽平，2014；许小伟，2014；汤文光，2015)。相比之下，以煤矿废弃物为基本原料的煤基复混肥对土壤肥力影响的相关研究非常少。本试验通过煤基复混肥不同处理，对古交复垦区和东阳熟土区土壤 0～20 cm 土层的全量养分(有机质、全氮、全磷和全钾)和速效养分(碱解氮、有效磷、速效钾)含量进行了研究，结果表明：

(1)煤基复混肥不同处理对土壤有机质含量提高均有明显作用。在古交复垦区，单施复混肥、菌肥＋煤基复混肥、基质＋煤基复混肥均可使土壤有机质含量显著提高。随施肥水平提高，土壤有机质含量均显著增加。与不施肥相比，施入复混肥可使古交复垦区有机质含量提高 27.78%～72.22%。相比之下，东阳复垦区土壤有机质含量也随施肥水平的提高逐渐增加，但其增幅较小，为 5.74%～18.23%。这一方面是因为古交复垦区土壤有机质背景值较低，加入大量的外源有机质(煤基复混肥、菌肥即基质)可使土壤有机质含量在短期内有较大提高；另一方面作物生长过程中残留的根系和凋落物分解也对复垦区土壤有机质含量提高有一定贡献。相比之下，熟土区土壤本身有机质含量较高，土壤微生物相对比较丰富，对土壤有机质的分解有利。所以在相同施肥水平，复垦区土壤有机质含量的增幅大于熟土区土壤。

(2)煤基复混肥不同处理对复垦区和熟土区土壤全氮、全钾、全磷含量均有所提高。在复垦区,施入复混肥对全量养分的增长率远大于熟土区,这可能与复垦区土壤生态系统高度退化,对施入肥料的转化和作物吸收利用之间的关系不协调,导致在复垦区施入肥料利用率较低,残留量较高有关。其中在菌肥与复混肥配施时,土壤全磷含量与单施复混肥相比有所降低,这可能与菌肥施入后,解磷菌发挥解吸作用,从而提高作物吸收有一定关系。以风化煤为有机原料进行复混肥研制后可以延缓尿素分解,从而可以提高土壤全氮含量(武丽萍,2000),这与本试验研究结果有类似之处。

(3)煤基复混肥不同处理对两个试验区土壤速效养分提高均有一定贡献。在复垦区,土壤碱解氮含量随玉米生育期推进有减少的趋势,但其变化相对较为平稳。在熟土区,碱解氮含量在拔节期达到最高水平,灌浆期有所下降,但成熟期又有所回升。碱解氮的这种变化规律表明煤基复混肥的缓释性和长效性,也说明煤基复混肥具有较强的氮素保持能力。有效磷和速效钾含量均随施入复混肥量的增加而增加。研究表明,利用生活垃圾等固体废弃物堆肥还田后,可以显著提高土壤碱解氮、有效磷和速效钾含量(闫治斌等,2011)。有机-无机复混肥可促进作物对土壤磷素的吸收(杜伟等,2012)。本研究与上述结论有类似之处。

4.5 小结

(1)煤基复混肥不同处理均可明显提高土壤有机质及全氮、全磷和全钾含量。在复垦区,煤基复混肥及其与菌肥配施可使土壤有机质、全氮、全磷、全钾含量较CK分别增加27.78%~72.22%、15.61%~63.90%、23.07%~76.92%、13.80%~47.36%。在N300和N390施肥水平,基质+复混肥施肥处理土壤有机质含量显著高于单施复混肥或菌肥+复混肥;土壤全氮含量在三种施肥类型、同一施肥水平间均无显著差异;在N120和N210施肥水平,菌肥+复混肥施肥处理土壤全磷含量显著低于单施复混肥或基质+复混肥;在N120和N390施肥水平,单施复混肥土壤全钾含量显著高于菌肥+复混肥。在熟土区,煤基复混肥及其与菌肥配施可使土壤有机质、全氮、全磷、全钾含量较CK分别增加5.74%~18.23%、7.87%~28.53%、14.78%~46.93%、13.41%~27.36%。土壤有机质、全氮、全磷含量在三种施肥类型、同一施肥水平间均无显著差异。

(2)煤基复混肥不同处理均可明显提高土壤碱解氮、有效磷和速效钾含量。在复垦区,成熟期煤基复混肥不同处理土壤碱解氮、有效磷、速效钾较CK分别增加2.04~2.53倍、1.84~2.59倍、29.15%~41.82%。三种施肥类型、同一施肥水平间碱解氮和速效钾含量均无显著差异。菌肥＋复混肥在各施肥水平有效磷含量均显著高于单施复混肥和基质＋复混肥。在熟土区，煤基复混肥不同处理在成熟期可使土壤碱解氮、有效磷、速效钾含量较 CK 分别增加 0.85～1.61 倍、0.34～1.27 倍、25.82%～46.84%。在成熟期，单施复混肥和菌肥＋复混肥碱解氮含量在各个施肥水平间均无显著差异，但显著高于基质＋复混肥。在各个施肥水平，菌肥＋复混肥有效磷含量均高于单施复混肥和基质＋复混肥，其中在 N120 和 N390 施肥水平有显著差异。成熟期速效钾含量在三种施肥类型、同一施肥水平均无显著差异。

5　煤基复混肥不同处理对土壤生物性状的影响

土壤微生物是陆地生态系统最丰富的物种，是土壤中物质循环的主要动力和植物有效养分的储备库(Lal R,2005;Roldan A,2003;Saha S,2008)。磷脂脂肪酸(PLFA)是活体微生物细胞膜的组成成分。在自然条件下，磷脂在有机物生物量中所占的比例相对恒定(Lechevalier M P,1989)，并且具有特定的生物特异性(Lechevalier M P,1989)，因而可有效用于研究微生物群落结构的变化。不同种类微生物体内磷脂类化合物中的脂肪酸组成和含量有很大差异，因此可用来评估微生物生物量和群落结构(Sundh I,1995;Bååth E,2003)。目前，磷脂脂肪酸(PLFA)这一技术相对较为准确、有效，(张焕军等,2011)在原位土壤活体微生物的研究中应用较多(Yao Q,2012)。

土壤微生物是土壤生物化学进程的主要调节者。作为土壤活性养分储存库，微生物量碳、氮是植物生长可利用养分的重要来源(王晓龙等,2006)。土壤微生物量是土壤有机质的活性库，对土壤有机质分解和养分循环有重要作用，是反映土壤微生物活性的直接指标(Alvarez C R,2000)，也是植物生长可利用养分的重要来源(Roy S,1994;Xun Y C,2002)。土壤中存在多种多样的酶，它们的来源和数量影响土壤微生物的数量和结构，土壤酶活性可以反映土壤生物化学过程的强度和方向(DICK P,1994)。土壤微生物数量及结构、土壤酶活性可因环境差异如水分、温度、作物生长以及土壤本身性状、施肥水平的高低等方面做出积极响应。在以往相当长的时间里，研究者主要关注土壤理化特性，并将其作为衡量和评价土壤肥力或质量高低的主要指标。近年来，随对微生物研究的技术越来越先进和多样，人们对微生物在整个土壤生态系统中的重要功能认识也越来越深入，已经有更多的研究将土壤理化特性和不同的土壤微生物参数相结合来评价土壤肥力和质量的变化，包括土壤微生物生物量、酶活性以及微生物的多样性等(Warkentin B P,1995;孙瑞莲等,2003)。

本试验分别布设于古交复垦区和东阳熟土区，在施肥量、作物品种以及田间管理条件基本一致的条件下，探究单施煤基复混肥、菌肥＋煤基复混肥、基质＋煤基复混肥三种施肥类型及不同施肥水平对土壤微生物群落结构、土壤微生物量碳氮和土壤酶活性的影响。

5.1 试验设计与分析项目

5.1.1 样品采集

试验地点和试验设计同第二部分。

试验过程中，分别于玉米拔节期（6 月上旬）、灌浆期（8 月上旬）和成熟期（10 月上旬）用土钻在两个试验区采集 0～20 cm 深土样，每个小区各采 5 钻，混合土样后置于棕色广口瓶中带回实验室进行前处理。

5.1.2 分析项目和方法

5.1.2.1 土壤微生物磷脂脂肪酸（PLFA）测定方法

前处理：将采回的土样过 2 mm 筛，除去植物残渣，置于－20℃冰箱保存，用于测定磷脂脂肪酸（PLFA）的含量（张彬等，2010）。

测定方法：土壤微生物磷脂脂肪酸（PLFA）的测定和分析参照 Bligh-Dyer 修正方法（Bligh E G and Dyer W J，1959）。主要步骤及内容简述如下：

（1）提取。称取相当于 8 g 干重的土壤，置于 35 mL 离心管中。向离心管中加入 5 mL 磷酸缓冲液，再加入 12 mL 甲醇和 6 mL 三氯甲烷后，遮光振荡 2 h（转速为 220 r/min）。然后取出离心管，在 25℃、3 500 r/min 条件下离心 10 min。上层清液倒入准备好的分液漏斗中（分液漏斗用正己烷冲洗并干燥后加入 12 mL 磷酸缓冲液、12 mL 三氯甲烷）；继续往离心管中加入 23 mL 提取液，加盖后摇匀，振荡 30 min（转速为 220 r/min）。在 25℃，3 500 r/min 条件下离心 10 min。将离心管中上层清液加入分液漏斗并且摇动 2 min 后静置 24 h。

（2）分离。将分液漏斗下层的溶液放入试管 A 中，然后将试管 A 放置在氮吹仪上，进行 30～32℃水浴的同时用 N_2 进行浓缩。此后加 3 mL 三氯甲烷调节萃取小柱，加入 5 份各 200 μL 三氯甲烷，并转移试管 A 中的浓缩磷脂到萃取小柱。向萃取小柱加入 5 mL 三氯甲烷和 9 mL 丙酮。待液体全部流出后，准确加入 5 mL 甲醇于萃取小柱，用试管 B 收集淋溶液。将试管 B 放置于氮吹仪上，进行 30～32℃水浴，N_2 浓缩。

（3）甲酯化。取下试管 B 加入 1 mL 甲醇甲苯混合液、1 mL 0.2 mol/L 氢氧化钾溶液摇匀。将其放入 37℃水浴锅中加热 15 min。拿出试管后加入 0.3 mL 的 1 mol/L 醋酸溶液、2 mL 正己烷、2 mL 超纯水。在 180 r/min 低速条件下振荡

10 min。将试管 B 中的上层移入试管 C 中，下层再加入 2 mL 正己烷，振荡 10 min，将上层移入小瓶 C 中。在氮吹仪上用 N_2 将试管 C 脱水干燥（不用水浴），−70℃冰箱存放。在上机测定前用 60 μL 正己烷（色谱纯）定容待测。测试仪器为气相色谱-质谱联用仪（Trace ISQ），色谱柱为 hp52 MS（30 μm×0.25 μm×0.25 μm）石英毛细管柱。气相色谱分析条件：柱温 70℃保持 3 min 后，以 20℃/min 升到190℃，再以 1.5℃/min 升到 200℃，最后以 10℃/min 升至 280℃。

各脂肪酸的识别和定量分别参照 Supelco USA 公司的生产的 SupelcoTM 37 Component FAME Mix 与 BAME(bacterial acid methyl esters)Mix，以 C19：0 脂肪酸甲酯为内标，采用峰面积和外标曲线法计算各组分的含量，土壤微生物 PLFA 含量用 ng/g 表示。土壤微生物总量用微生物的 PLFA 含量之和表示。以 14:0、15:0、i15:0、a15:0、16:0、17:0、i17:0、a17:0、16:1ω7c、17:0、18:1ω9c、cy17:0、cy19:0的总浓度作为细菌源脂肪酸，以 18:1ω9c，18:3ω6c 等作为真菌源脂肪酸。

5.1.2.2 土壤微生物量碳（MBC）和氮（MBN）测定方法

微生物量碳、氮测定方法分别为重铬酸钾氧化法和全氮测定法（吴金水等，2006）。

MBC＝EC/KEC（EC 为熏蒸与未熏蒸土壤提取液中有机碳的差值；KEC＝0.38，转换系数）。

MBN＝EN/KEN（EN 为熏蒸与未熏蒸土壤提取液中的氮含量差值；KEN＝0.54，转换系数）。

5.1.2.3 土壤酶活性测定方法

土壤脲酶活性采用苯酚钠-次氯酸钠比色法，结果以 mg/(g·24 h) 表示。土壤蔗糖酶活性采用 3,5-二硝基水杨酸比色法，结果以 mg/(g·24 h)表示；土壤碱性磷酸酶活性采用磷酸苯二钠比色法，结果以酚 mg/(g·24 h) 表示（关松荫，1986）。

5.2 煤基复混肥不同处理对土壤微生物 PLFA 量的影响

5.2.1 煤基复混肥不同处理对复垦区土壤微生物 PLFA 量的影响

1. 煤基复混肥不同处理对复垦土壤微生物 PLFA 总量的影响

土壤微生物 PLFA 总量变化在玉米生长的不同阶段，具有明显的变化趋势，即 PLFA 总量变化趋势为灌浆期＞成熟期＞拔节期。在低（N120）、中（N210）、高

(N300)施肥水平,土壤微生物 PLFA 总量随施肥量增加而增大,且在 N300 施肥水平达到最高水平,进一步施肥(N390)会使土壤微生物 PLFA 总量降低(图 5-1、图 5-2、图 5-3)。

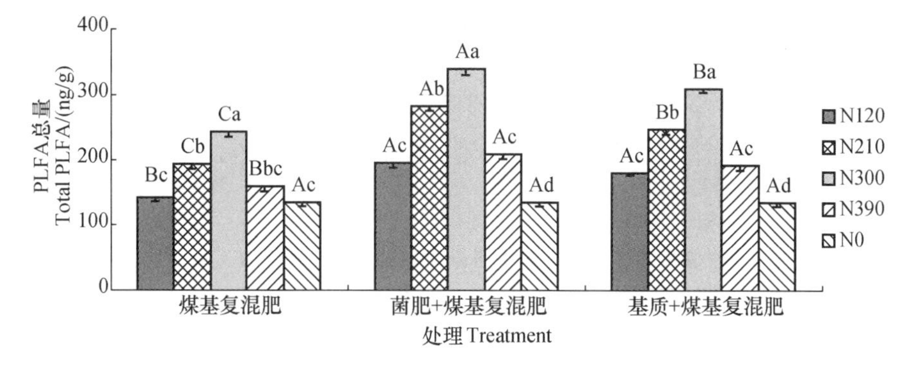

图 5-1 煤基复混肥不同处理对玉米拔节期复垦土壤 PLFA 总量的影响

Fig. 5-1 Effects of different fertilizers on total PLFA in maize jointing stage of reclaimed soil

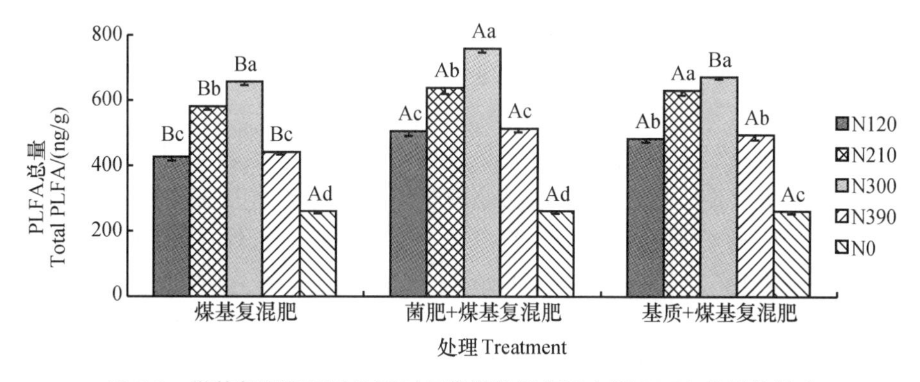

图 5-2 煤基复混肥不同处理对玉米灌浆期复垦土壤 PLFA 总量的影响

Fig. 5-2 Effects of different fertilizers on total PLFA in maize filling stage of reclaimed soil

在拔节期,单施复混肥时,土壤微生物对各个施肥处理均有明显响应,其中在 N120 与 N390 施肥水平间土壤 PLFA 总量无显著差异,且 N120、N390 施肥水平均与 CK 间无显著差异(图 5-1);在 N210、N300 施肥水平土壤 PLFA 总量与 CK 间有显著差异($P<0.05$),在 N300 施肥水平达到最高水平,为 242.18 ng/g;且与其他各施肥水平均有显著差异。菌肥+复混肥配施时,在 N300 施肥水平土壤 PLFA 总量达到最大,为 338.48 ng/g,与其他各施肥水平均有显著差异。N120 和 N390 施肥水平间无显著差异,且二者均与 CK 间有显著差异。基质与复混肥配施各施肥水平土壤 PLFA 总量变化与菌肥和复混肥配施时类似。

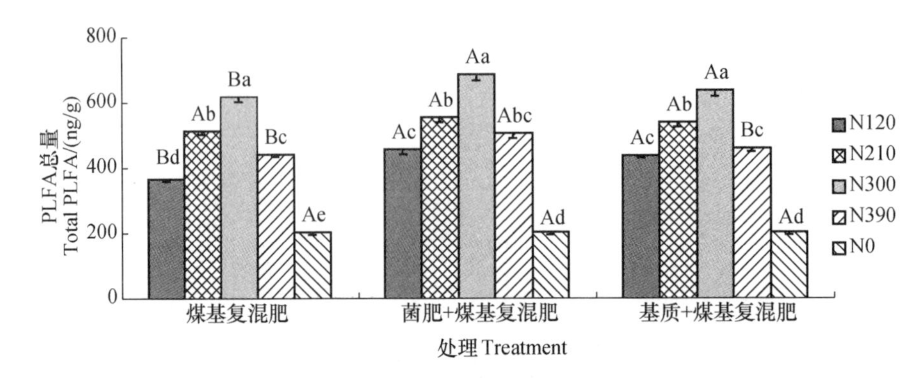

图 5-3 煤基复混肥不同处理对玉米成熟期复垦土壤 PLFA 总量的影响

Fig. 5-3 Effects of different fertilizers on total PLFA in maize mature of reclaimed soil

灌浆期，单施复混肥、菌肥＋复混肥、基质＋复混肥各个施肥处理均与 CK 有显著差异，土壤 PLFA 总量均在 N300 施肥水平达到最高，分别为 656.85 ng/g、756.74 ng/g、670.82 ng/g，且 N300 施肥水平土壤 PLFA 总量与其他各个施肥水平间有显著差异($P<0.05$)。这与当地进入雨热同季时期，作物生长迅速，土壤微生物非常活跃。表现在土壤 PLFA 总量快速增长的同时，也出现较为明显的分异现象。

与灌浆期相比，成熟期三种施肥类型各个施肥水平土壤 PLFA 总量略有下降，但均高于拔节期。成熟期各施肥处理与 CK 相比均有显著差异($P<0.05$)。单施复混肥、菌肥＋复混肥、基质＋复混肥土壤 PLFA 总量均在 N300 施肥水平达到最高，分别为 617.85 ng/g、687.78 ng/g、6 636.88 ng/g，且与其他各施肥水平有显著差异。

不同施肥类型、同一施肥水平间土壤 PLFA 总量比较可知，菌肥＋复混肥较单施复混肥、基质＋复混肥可显著提高土壤 PLFA 总量；在拔节期，受环境条件所限，菌肥＋复混肥处理土壤 PLFA 总量总体较低；但在灌浆期，土壤微生物活性在急剧增加，这一方面是因为肥料施入为土壤微生物提供了丰富的碳源和氮源，另一方面作物生长尤其是作物根系分泌物可以有效促进土壤微生物量增加，这与 Peacock(2001)的研究结果类似。

2. 煤基复混肥不同处理对复垦区土壤细菌 PLFA 量的影响

土壤细菌是土壤微生物的重要组成部分，对施肥类型及施肥量变化有灵敏的反应。在拔节期，单施复混肥时，N120、N210、N300、N390 施肥水平分别比 CK 高 16.94%、46.91%、100.53%、95.97%，且均与 CK 间有显著差异。随施肥水平增加，土壤细菌 PLFA 量呈增加趋势。在 N300 水平土壤细菌 PLFA 量达到最大，为

87.41 ng/g;比 N390 施肥水平高出 2.33%,且 N300 和 N390 施肥水平间无显著差异。菌肥+复混肥时,N120、N210、N300、N390 施肥水平分别比 CK 高 49.66%、110.41%、238.04%、147.29%,且均与 CK 间有显著差异。其中 N210 和 N390 施肥水平间无显著差异,其余各个施肥水平间均有显著差异。基质+复混肥在 N300 水平土壤细菌 PLFA 量达到最大,为 94.72 ng/g;与 N390 施肥水平无显著差异。N120、N210、N300、N390 各个施肥水平均与 CK 间有显著差异(图 5-4、图 5-5、图 5-6)。

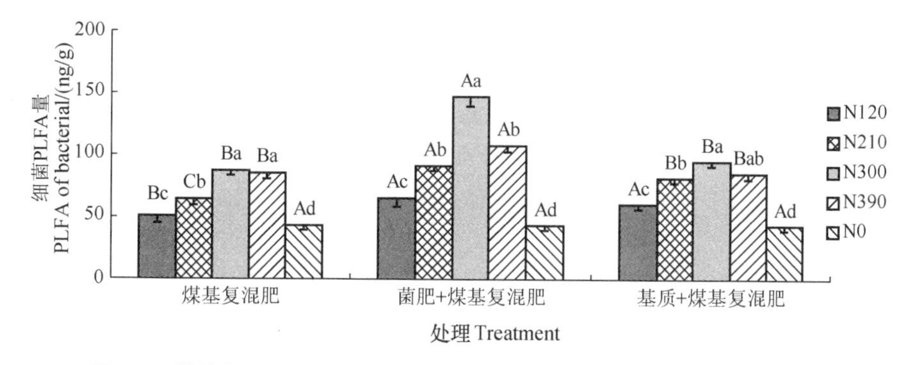

图 5-4 煤基复混肥不同处理对玉米拔节期复垦土壤细菌 PLFA 量的影响

Fig. 5-4 Effects of different fertilizers on PLFA of bacteria in maize jointing stage of reclaimed soil

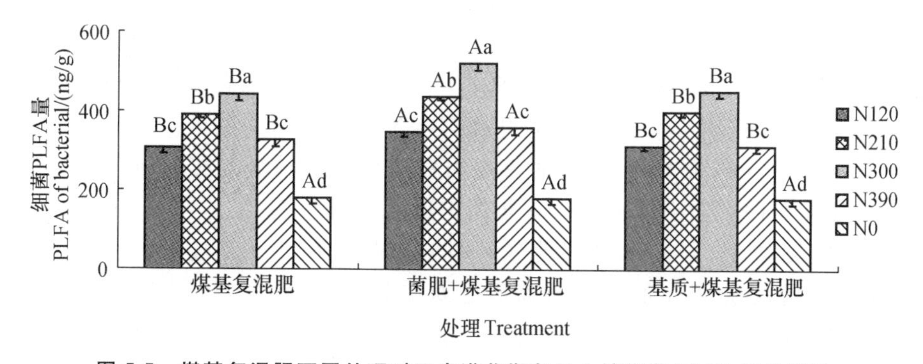

图 5-5 煤基复混肥不同处理对玉米灌浆期复垦土壤细菌 PLFA 量的影响

Fig. 5-5 Effects of different fertilizers on PLFA of bacteria in maize filling stage of reclaimed soil

灌浆期,土壤细菌 PLFA 量与拔节期相比大幅上升,其中单施复混肥时,随着施肥量增加,土壤细菌 PLFA 量呈增加趋势,在 N300 施肥水平,土壤细菌 PLFA 量达到最大,为 326.61 ng/g,且与其他施肥水平有明显差异。在 N390 施肥水平,

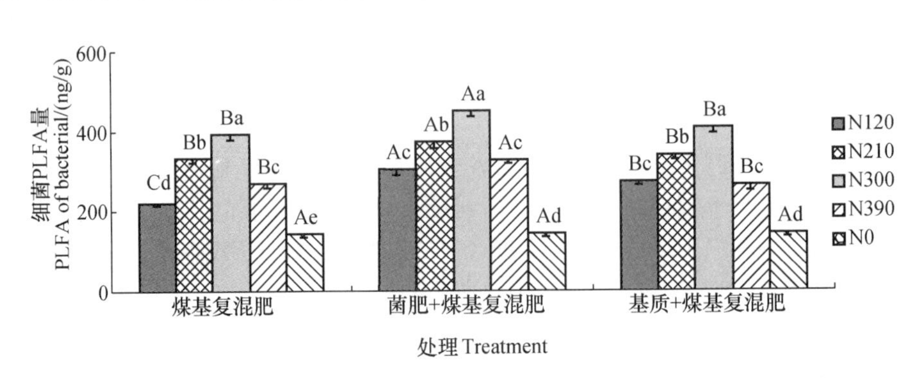

图 5-6　煤基复混肥不同处理对玉米成熟期复垦土壤细菌 PLFA 量的影响

Fig. 5-6　Effects of different fertilizers on PLFA of bacteria in maize mature of reclaimed soil

土壤细菌 PLFA 量有所下降，且与 N120 施肥水平间无显著差异。菌肥＋复混肥时，同样在 N300 施肥水平，土壤细菌 PLFA 量达到最大，为 522.68 ng/g，且与其他施肥水平有明显差异。基质＋复混肥时，其变化过程与菌肥＋复混肥时基本类似。

成熟期，土壤细菌 PLFA 量较灌浆期有所降低。其中单施复混肥、菌肥＋复混肥、基质＋复混肥时，各施肥水平间均有显著差异，均在 N300 施肥水平土壤 PLFA 量达到最大，分别为 394.66 ng/g、451.3 ng/g、407.22 ng/g，各施肥水平均与 CK 有显著差异。

综上所述，同一施肥类型、不同施肥水平均可对土壤细菌有显著影响。随施肥水平提高，土壤细菌 PLFA 量在 N300 施肥水平达到最高。但进一步施肥（N390 水平）细菌 PLFA 量会下降，这可能与细菌对高浓度肥料耐受性减弱有关。相比之下，菌肥＋复混肥对于细菌 PLFA 量增加更为显著。

不同施肥类型、同一水平间比较可知，拔节期菌肥＋复混肥 N120、N210、N300、N390 施肥水平分别比单施复混肥对应施肥水平高出 27.98%、43.22%、68.56%、26.18%，相互间有显著差异。灌浆期菌肥＋复混肥的 N120、N210、N300、N390 施肥水平分别比单施复混肥对应施肥水平高 10.37%～18.07%，相互间均有显著差异。成熟期菌肥＋复混肥 N120、N210、N300、N390 施肥水平分别比单施复混肥对应施肥水平高 37.98%、11.87%、14.35%、21.28%，相互间有显著差异。菌肥＋复混肥 N120、N210、N300、N390 施肥水平分别比基质＋复混肥对应施肥水平高 11.45%、10.51%、10.82%、24.27%，相互间有显著差异。说明菌肥施入后，对细菌扩繁较为有利，促进微生物代谢活动，为土壤 PLFA 总量增加有较大的贡献,也可为玉米生长提供有利条件。

3. 煤基复混肥不同处理对复垦区土壤真菌 PLFA 量的影响

在拔节期,单施复混肥土壤真菌 PLFA 量在 N300 施肥水平达到最高,为 39.64 ng/g;仅与 N210 施肥水平相差 0.19 ng/g;二者无显著差异。各施肥水平与 CK 间均有显著差异。菌肥+复混肥配施时,在 N210 施肥水平土壤细菌 PLFA 量达到最大,为 57.31 ng/g,且与其他各施肥水平均有显著差异($P<0.05$)。基质+复混肥时土壤细菌 PLFA 量在 N210 达到最大,为 49.46 ng/g;在 N300 和 N390 施肥水平,土壤细菌 PLFA 量大幅减少(图 5-7)。

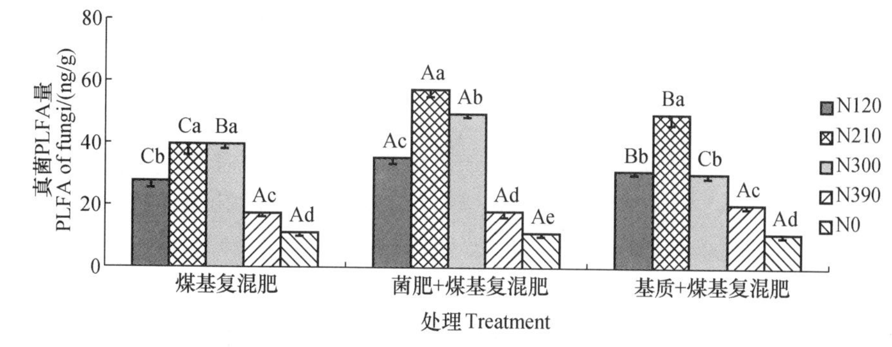

图 5-7 煤基复混肥不同处理对玉米拔节期复垦土壤真菌 PLFA 量的影响

Fig. 5-7 Effects of different fertilizers on PLFA of fungi in maize jointing stage of reclaimed soil

在灌浆期,单施复混肥土壤真菌 PLFA 量在各施肥水平均与 CK 间有显著差异。其中在 N210 施肥水平达到最高,为 149.95 ng/g;在 N300 和 N390 施肥水平土壤真菌 PLFA 量显著下降,且均与 N210 施肥水平有显著差异。菌肥+复混肥配施时,在 N210 施肥水平土壤细菌 PLFA 量达到最大,为 187.62 ng/g,且与其他各施肥水平均有显著差异($P<0.05$)。进一步施肥(N390)土壤真菌 PLFA 量显著下降,在 N390 与 N120 施肥水平土壤真菌 PLFA 量非常接近。基质+复混肥时土壤细菌 PLFA 量在 N210 达到最大,为 147.46 ng/g,其他各施肥水平土壤真菌 PLFA 量变化类似于菌肥+复混肥(图 5-8)。

成熟期土壤真菌 PLFA 量较灌浆期有小幅增加。其中单施复混肥土壤真菌 PLFA 量在各施肥水平均与 CK 间有显著差异。其中在 N210 施肥水平达到最高,为 167.05 ng/g;在 N300 和 N390 施肥水平土壤真菌 PLFA 量显著下降,且均与 N210 施肥水平有显著差异。菌肥+复混肥配施时,在 N210 施肥水平土壤细菌 PLFA 量达到最大,为 168.82 ng/g,且与其他各施肥水平均有显著差异($P<$

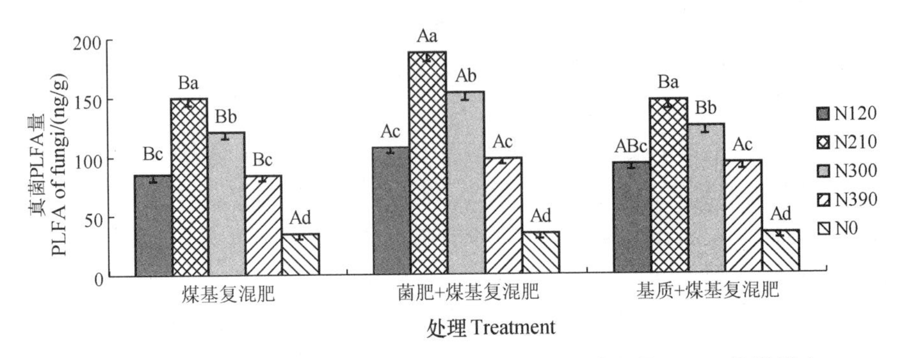

图 5-8 煤基复混肥不同处理对玉米灌浆期复垦土壤真菌 PLFA 量的影响

Fig. 5-8 Effects of different fertilizers on PLFA of fungi in maize filling stage of reclaimed soil

0.05)。进一步增加施肥水平土壤真菌 PLFA 量显著下降。基质＋复混肥时土壤细菌 PLFA 量在 N210 施肥水平达到最大，为 159.26 ng/g；其他各施肥水平土壤真菌 PLFA 量变化类似于菌肥＋复混肥(图 5-9)。

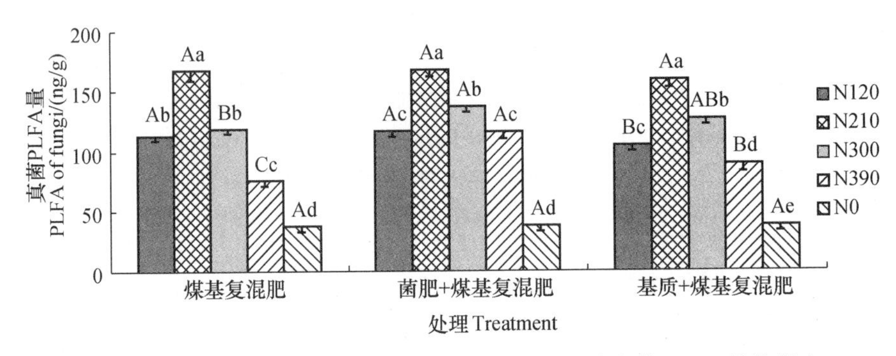

图 5-9 煤基复混肥不同处理对玉米成熟期复垦土壤真菌 PLFA 量的影响

Fig. 5-9 Effects of different fertilizers on PLFA of fungi in maize mature of reclaimed soil

综上分析可知，施肥类型和施肥水平对土壤真菌有较大影响。拔节期不同施肥类型、同一施肥水平间土壤真菌 PLFA 量比较可知，菌肥＋复混肥的 N120、N210、N300、N390 施肥水平分别比单施复混肥对应施肥水平高 28.58%、45.27%、25.27%、3.73%，在 N120、N210、N300 各施肥水平相互间有显著差异，但在 N390 施肥水平二者无显著差异。灌浆期不同施肥类型、同一施肥水平间比较可知，菌肥＋复混肥可显著提高土壤真菌 PLFA 量，且与单施复混肥对应的同一施肥水平间均有显著差异。成熟期不同施肥类型、同一施肥水平间比较可知，菌肥＋复混肥在 N300 和 N390 施肥水平土壤真菌 PLFA 量显著高于单施复混肥，在 N120 和 N390 施肥水平显著高于基质＋复混肥。

土壤真菌 PLFA 量在不同施肥类型下，均在玉米各个生育期的 N120 施肥水平达到最高。白震等(2008)研究后发现施用复混肥可以有效促进真菌 PLFA 含量，这与本文的研究结论有相似之处。土壤真菌 PLFA 量及其占土壤微生物 PLFA 总量的比例均远低于土壤细菌。由此可见，土壤真菌对土壤肥料浓度的耐受性较低。这与侯彦林等(2004)的研究结果有类似之处。

5.2.2 煤基复混肥不同处理对熟土区土壤微生物 PLFA 量的影响

1. 煤基复混肥不同处理对熟土区土壤微生物 PLFA 总量的影响

在拔节期，单施复混肥时，N120、N210、N300、N390 施肥水平分别比 CK 高 17.69％、45.43％、58.61％、37.87％，且均与 CK 间有显著差异。随施肥水平增加，土壤 PLFA 总量呈增加趋势。在 N300 水平土壤 PLFA 总量达到最大，为 2 319.81 ng/g；在 N390 施肥水平土壤 PLFA 总量明显下降，且与 N300 施肥水平有显著差异。菌肥＋复混肥配施时，各施肥水平与 CK 均有显著差异，但在 N210、N300 和 N390 施肥水平间无显著差异。在 N300 施肥水平土壤 PLFA 总量达到最大，为 2 704.05 ng/g。基质和复混肥配施各施肥水平土壤 PLFA 总量变化和菌肥与复混肥配施时类似(图 5-10)。

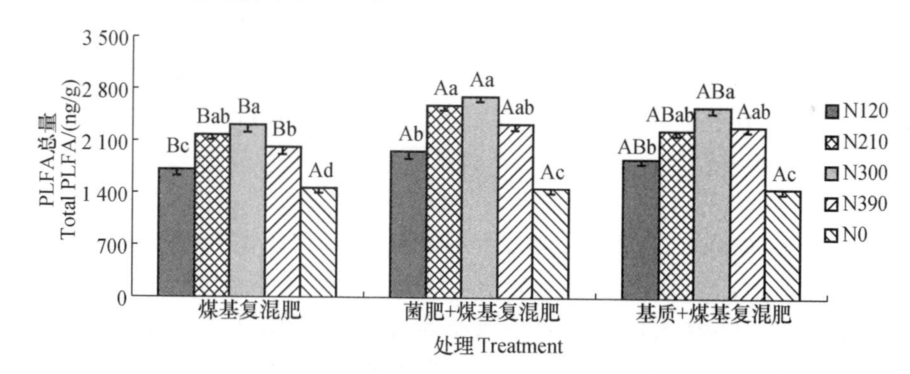

图 5-10 煤基复混肥不同处理对玉米拔节期熟土区土壤 PLFA 总量的影响

Fig. 5-10 Effects of different fertilizers on total PLFA in maize jointing stage of mellow soil

在拔节期，不同施肥类型、同一施肥水平间进行比较可见，菌肥＋复混肥在 N120、N210、N300、N390 施肥水平分别比单施复混肥对应的同一施肥水平高 13.97％、18.13％、16.56％和 15.49％，且存在显著差异。菌肥＋复混肥和基质＋

复混肥相比,对应的同一施肥水平间土壤 PLFA 总量无显著差异。

在灌浆期,单施复混肥 N120、N210、N300、N390 施肥水平分别比 CK 高 9.82%、45.68%、84.23%、41.29%,除 N120 施肥水平与且 CK 间无显著差异,其他各施肥水平均与 CK 间有显著差异。在 N300 施肥水平,土壤 PLFA 总量达到最大,为 3213.04 ng/g;在 N390 施肥水平土壤 PLFA 总量明显下降,且与 N300 施肥水平有显著差异。菌肥+复混肥配施时,各施肥水平间及与 CK 均有显著差异。在 N300 施肥水平土壤 PLFA 总量达到最大,为 3804.84 ng/g。基质+复混肥各施肥水平土壤 PLFA 总量变化与菌肥+复混肥类似(图 5-11)。

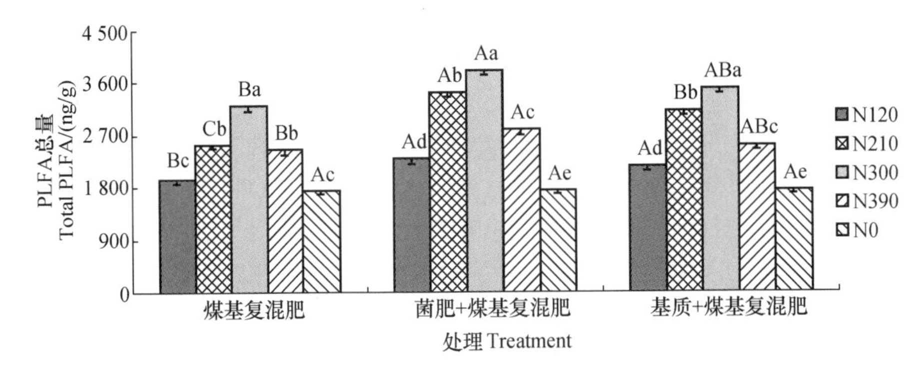

图 5-11 煤基复混肥不同处理对玉米灌浆期熟土区土壤 PLFA 总量的影响

Fig. 5-11 Effects of different fertilizers on total PLFA in maize filling stage of mellow soil

在灌浆期,不同施肥类型、同一施肥水平间进行比较可见,菌肥+复混肥在 N120、N210、N300、N390 施肥水平分别比单施复混肥对应的同一施肥水平高 18.07%、34.71%、118.41%和 13.29%,且存在显著差异。菌肥+复混肥和基质+复混肥相比,对应的 N210 施肥水平间有显著差异,其他各个对应施肥水平间均无显著差异。

在成熟期,单施复混肥 N300 施肥水平土壤 PLFA 总量达到最大,为 2 606.23 ng/g;且与其他各施肥水平有显著差异。菌肥+复混肥配施时,各施肥水平间及与 CK 均有显著差异。在 N300 施肥水平土壤 PLFA 总量达到最大,为 2 987.06 ng/g。基质与复混肥配施在 N210、N300 和 N390 各施肥水平土壤 PLFA 总量无显著差异(图 5-12)。

在成熟期,不同施肥类型、同一施肥水平间进行比较可见,菌肥+复混肥在 N120、N210、N300、N390 施肥水平分别比单施复混肥对应的同一施肥水平高 12.37%、24.63%、14.61%和 24.27%,对应水平间均有显著差异。菌肥+复混肥

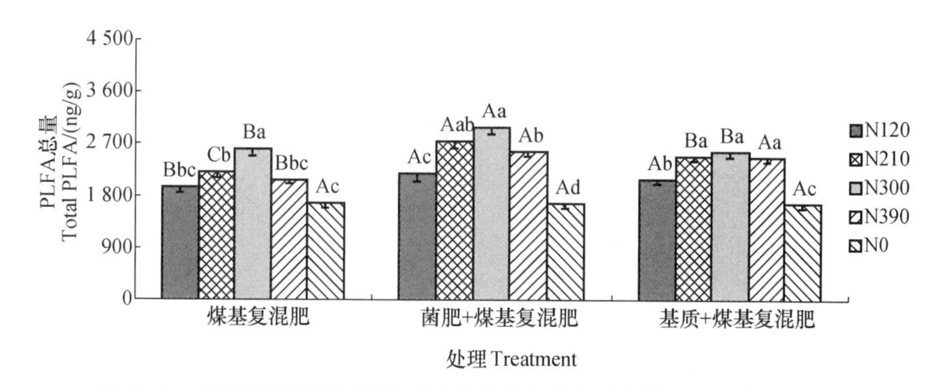

图 5-12　煤基复混肥不同处理对玉米成熟期熟土区土壤 PLFA 总量的影响

Fig. 5-12　Effects of different fertilizers treatments on total PLFA in maize mature of mellow soil

和基质＋复混肥相比，对应的 N210 和 N300 施肥水平间有显著差异，对应的 N120 和 N390 施肥水平间则无显著差异。

2. 煤基复混肥不同处理对熟土区土壤细菌 PLFA 量的影响

拔节期，单施复混肥土壤细菌 PLFA 量随施肥水平增加呈上升趋势，在 N300 施肥水平达到最大，为 1 610 ng/g，且与其他各施肥水平有显著差异；进一步施肥，在 N390 施肥水平，土壤细菌 PLFA 量有所下降，且与 N210 施肥水平无显著差异。菌肥＋复混肥时，土壤细菌 PLFA 量明显增加，但其总体变化趋势与单施复混肥类似。

在不同施肥类型、同一施肥水平间进行比较可见，菌肥＋复混肥在 N120、N210、N300、N390 施肥水平分别比单施复混肥对应的同一施肥水平高 21.15%、15.23%、9.16%和 18.75%，对应水平间均有显著差异。菌肥＋复混肥和基质＋复混肥相比，对应的同一施肥水平间则无显著差异(图 5-13、图 5-14、图 5-15)。

灌浆期，单施复混肥在 N300 施肥水平达到最大，为 1 773.74 ng/g，且与其他各施肥水平有显著差异；在 N390 施肥水平，土壤细菌 PLFA 量有所下降，且与 N210 施肥水平无显著差异。菌肥＋复混肥时，土壤细菌 PLFA 量明显增加，但其总体变化趋势与单施复混肥类似。

在不同施肥类型、同一施肥水平间进行比较可见，菌肥＋复混肥在 N120、N210、N300、N390 施肥水平分别比单施复混肥对应的同一施肥水平高 17.45%、24.38%、30.70%和 17.32%，对应同一水平间均有显著差异。菌肥＋复混肥和基质＋复混肥相比，对应的 N210 和 N300 同一施肥水平间则无显著差异。

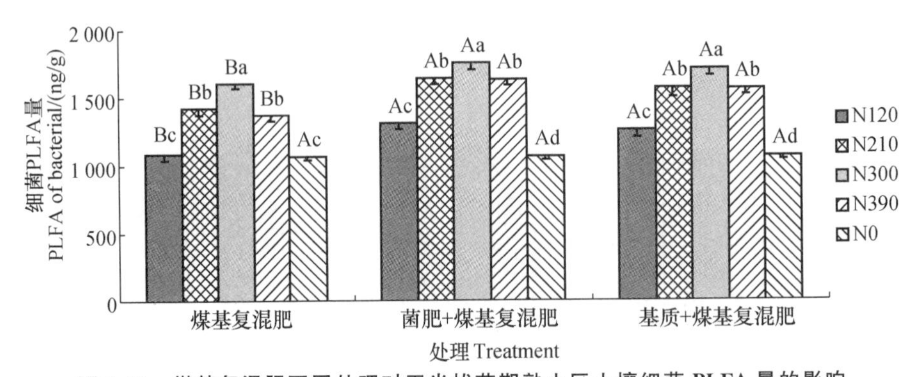

图 5-13　煤基复混肥不同处理对玉米拔节期熟土区土壤细菌 PLFA 量的影响

Fig. 5-13　Effects of different fertilizers on PLFA of bacteria in maize jointing stage of mellow soil

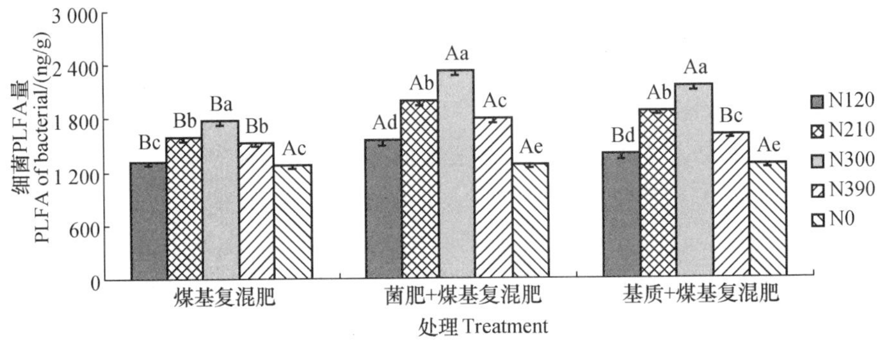

图 5-14　煤基复混肥不同处理对玉米灌浆期熟土区土壤细菌 PLFA 量的影响

Fig. 5-14　Effects of different fertilizers on PLFA of bacteria in maize filling stage of mellow soil

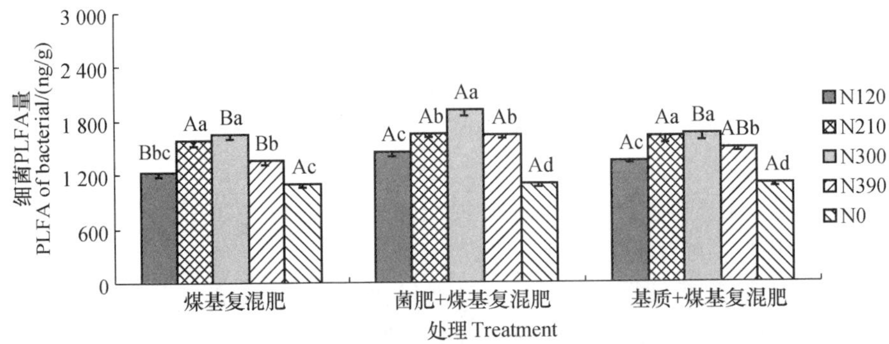

图 5-15　煤基复混肥不同处理对玉米成熟期熟土区土壤细菌 PLFA 量的影响

Fig. 5-15　Effects of different fertilizers on PLFA of bacteria in maize mature of mellow soil

成熟期，单施复混肥在 N300 施肥水平达到最大，为 1 650.22 ng/g，且与 N210 施肥水平无显著差异；在 N390 施肥水平，土壤细菌 PLFA 量有所下降，且与 N120 施肥水平无显著差异。菌肥＋复混肥时，土壤细菌 PLFA 量明显增加，但其总体变化趋势与单施复混肥类似。

在成熟期，不同施肥类型、同一施肥水平间进行比较可见，菌肥＋复混肥在 N120、N210、N300、N390 施肥水平分别比单施复混肥对应的同一施肥水平高 18.53%、4.35%、16.01%和 21.09%，在 N120、N300 和 N390 对应同一水平间均有显著差异。菌肥＋复混肥和基质＋复混肥相比，则仅在 N300 施肥水平间有显著差异。

3. 煤基复混肥不同处理对熟土区土壤真菌 PLFA 量的影响

拔节期，单施复混肥土壤真菌 PLFA 量各施肥水平与 CK 间均有显著差异。随施肥量增加，在 N300 施肥水平土壤真菌 PLFA 量达到最高，为 779.83 ng/g，且与其他各施肥水平均有显著差异。在 N390 施肥水平，土壤真菌 PLFA 量与 N210 施肥水平接近，二者无显著差异。菌肥＋复混肥配施时，在 N300 施肥水平土壤真菌 PLFA 量达到最大，为 821.04 ng/g，且与 N210 施肥水平无显著差异（$P<0.05$）。基质＋复混肥时土壤真菌 PLFA 量在 N300 达到最大，为 786.63 ng/g。N210 和 N390 施肥水平，土壤真菌 PLFA 量无显著差异。

不同施肥类型、同一施肥水平间土壤真菌 PLFA 量的变化可知，菌肥＋复混肥的 N120、N210、N300、N390 施肥水平分别比单施复混肥对应施肥水平高 5.13%、18.61%、5.27%、9.82%，仅在 N210 施肥水平相互间有显著差异（图 5-16 至图 5-18）。

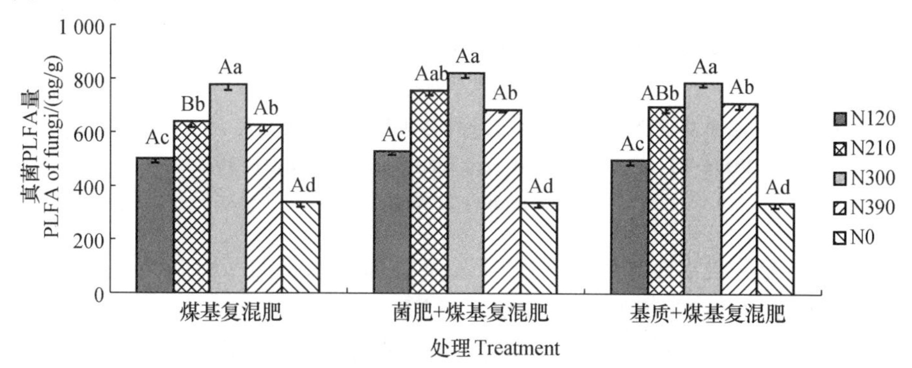

图 5-16 煤基复混肥不同处理对玉米拔节期熟土区土壤真菌 PLFA 量的影响

Fig. 5-16 Effects of different fertilizers on PLFA of fungi in maize jointing stage of mellow soil

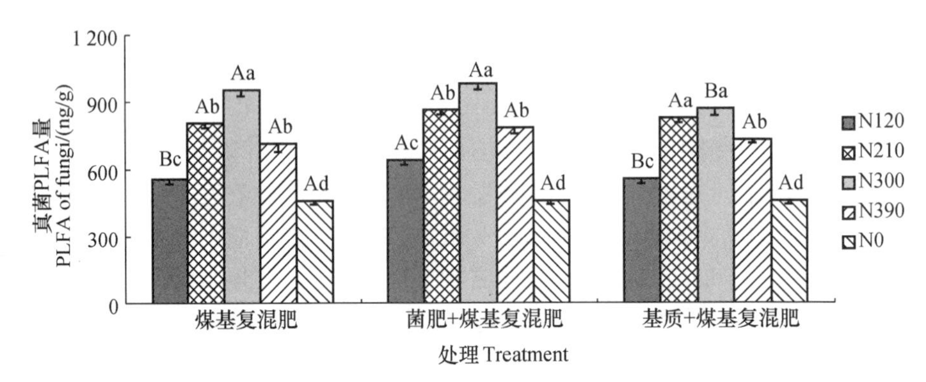

图 5-17 煤基复混肥不同处理对玉米灌浆期熟土区土壤真菌 PLFA 量的影响

Fig. 5-17 Effects of different fertilizers on PLFA of fungi in maize filling stage of mellow soil

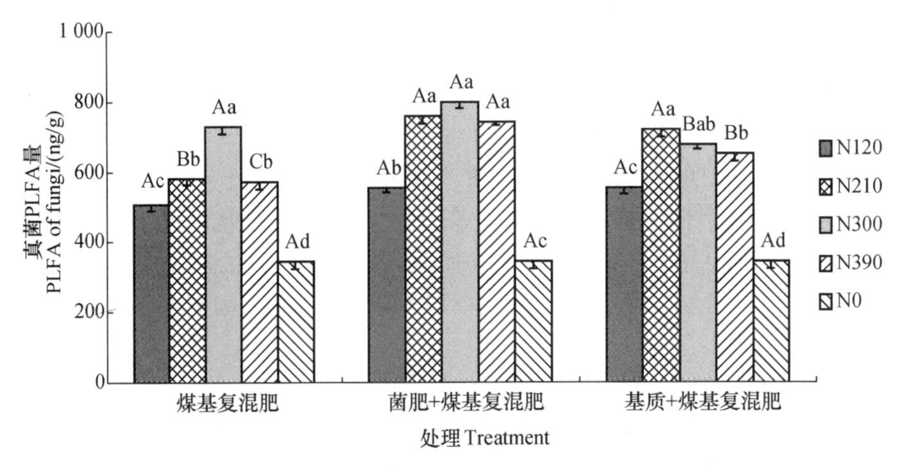

图 5-18 煤基复混肥不同处理对玉米成熟期熟土区土壤真菌 PLFA 量的影响

Fig. 5-18 Effects of different fertilizers on PLFA of fungi in maize mature of mellow soil

灌浆期，单施复混肥土壤真菌 PLFA 量各施肥水平与 CK 间均有显著差异。随施肥量增加，在 N300 施肥水平土壤真菌 PLFA 量达到最高，为 953.60 ng/g，且与其他各施肥水平均有显著差异。在 N390 施肥水平，土壤真菌 PLFA 量较 N210 施肥水平低 13.09%。菌肥＋复混肥配施时，在 N300 施肥水平土壤真菌 PLFA 量达到最大，为 981.86 ng/g，且与其他各施肥水平均有显著差异（$P<0.05$）。基质＋复混肥时土壤真菌 PLFA 量在 N300 达到最大，为 867.52 ng/g，与 N210 施

肥水平无显著差异。

在灌浆期，不同施肥类型、同一施肥水平间土壤真菌 PLFA 量的变化可知，菌肥＋复混肥的 N120、N210、N300、N390 施肥水平分别比单施复混肥对应施肥水平高 15.04％、6.73％、2.96％、9.72％，仅在 N120 施肥水平间有显著差异。

成熟期，单施复混肥土壤真菌 PLFA 量各施肥水平与 CK 间均有显著差异。随施肥量增加，在 N300 施肥水平土壤真菌 PLFA 量达到最高，为 730.69 ng/g，且与其他各施肥水平均有显著差异。在 N390 与 N210 施肥水平，土壤真菌 PLFA 量非常接近，二者无显著差异。菌肥＋复混肥配施时，在 N300 施肥水平土壤真菌 PLFA 量达到最大，为 797.95 ng/g，且与 N210 和 N390 施肥水平均无显著差异（$P<0.05$）。基质＋复混肥时土壤真菌 PLFA 量在 N210 达到最大，为 720.88 ng/g，与 N300 施肥水平无显著差异。

不同施肥类型、同一施肥水平间土壤真菌 PLFA 量的变化可知，菌肥＋复混肥的 N120、N210、N300、N390 施肥水平分别比单施复混肥对应施肥水平高 9.63％、30.41％、9.21％、30.18％，在 N210、N390 与单施复混肥对应施肥水平有显著差异。

5.3 煤基复混肥不同处理对土壤微生物量碳氮的影响

5.3.1 煤基复混肥不同处理对复垦区土壤微生物量碳氮的影响

研究表明，土壤微生物量对土壤或作物的水肥管理、种植模式和利用方式的变化较为灵敏，可以及时地对土壤性状的变化做出响应（贾伟等，2008；Yusuf A A et al.，2009；Liu E K et al.，2010；Wang X L et al.，2009）。土壤微生物量碳氮是土壤肥力评价指标体系中不可或缺的因子，目前越来越受到重视。因此，近年来将土壤微生物生物量、土壤酶活性与土壤微生物群落结构组成等作为土壤健康的生物指标来指导土壤生态系统管理已逐渐成为研究热点（张俊丽等，2012）。

1. 煤基复混肥不同处理对复垦区土壤微生物量碳的影响

在拔节期，单施复混肥可显著增加 0～20 cm 复垦土壤微生物量碳的含量。各施肥水平均与 CK 间有显著差异（$P<0.05$）。随施肥水平增加，土壤微生物量碳呈递增趋势。在 N300 施肥水平达到最大，为 38.23 mg/kg，且与 N210 施肥水平无显著差异。在 N390 施肥水平土壤微生物量碳含量下降，且与 N120 施肥水平无显著差异。菌肥＋复混肥可显著提高土壤微生物量碳含量，各施肥水平均与 CK 有显著差异，且在 N300 施肥水平达到最大，为 41.98 mg/kg，并与其他各施肥水

平均有显著差异。基质+复混肥各施肥水平对土壤微生物量碳含量的影响与单施复混肥类似(图 5-19 至图 5-21)。

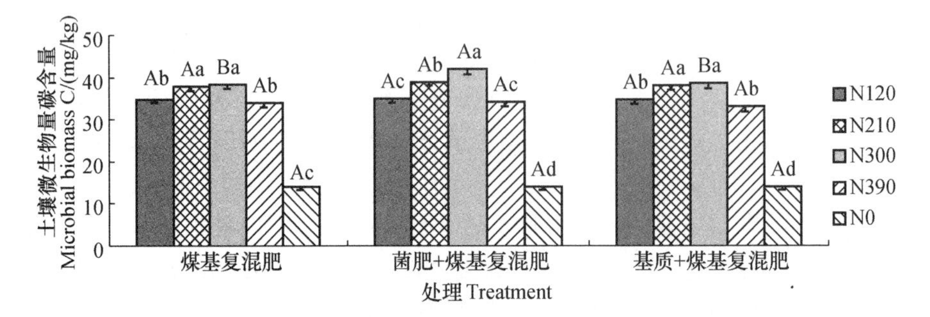

图 5-19 煤基复混肥不同处理对玉米拔节期复垦土壤微生物生物量碳的影响

Fig. 5-19 Effects of different fertilizers on soil microbial biomass C in maize jointing stage

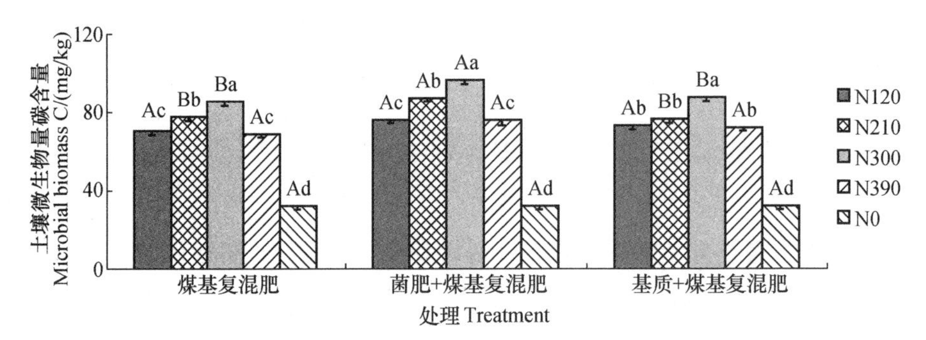

图 5-20 煤基复混肥不同处理对玉米灌浆期复垦土壤微生物生物量碳的影响

Fig. 5-20 Effects of different fertilizers on soil microbial biomass C in maize filling stage

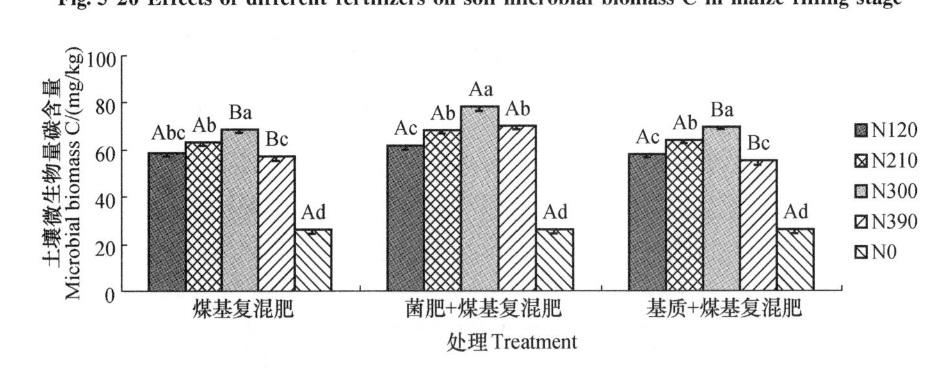

图 5-21 煤基复混肥不同处理对玉米成熟期复垦土壤微生物生物量碳的影响

Fig. 5-21 Effects of different fertilizers on soil microbial biomass C in maize mature

在灌浆期，单施复混肥各施肥水平均与CK间有显著差异（$P<0.05$）。随施肥水平增加，土壤微生物量碳呈递增趋势，在N300施肥水平达到最大，为85.52 mg/kg，且与其他施肥水平有显著差异。在N390施肥水平土壤微生物量碳含量下降，且与N120施肥水平无显著差异。菌肥＋复混肥各施肥水平均与CK有显著差异，且在N300施肥水平达到最大，为96.51 mg/kg，并与其他各施肥水平均有显著差异。基质＋复混肥各施肥水平对土壤微生物量碳含量的影响与单施复混肥类似。

在成熟期，单施复混肥各施肥水平均与CK间有显著差异（$P<0.05$）。在N300施肥水平达到最大，为68.71 mg/kg，且与其他施肥水平有显著差异。在N390施肥水平土壤微生物量碳含量下降，且与N120施肥水平无显著差异。菌肥＋复混肥各施肥水平均与CK有显著差异，且在N300施肥水平达到最大，为78.31 mg/kg，并与其他各施肥水平均有显著差异。基质＋复混肥各施肥水平对土壤微生物量碳含量的影响与单施复混肥类似。

综上分析可知，不同生育期，煤基复混肥不同处理、同一施肥水平间土壤微生物量碳含量有较大差异。在拔节期，除菌肥＋复混肥的N300施肥水平与单施复混肥、基质＋复混肥相比有显著差异外，其他各对应施肥水平间均无显著差异。在灌浆期，煤基复混肥不同处理、同一施肥水平间进行土壤微生物量碳含量比较可知，在灌浆期，菌肥＋复混肥的N210和N300施肥水平均与单施复混肥、基质＋复混肥的同一施肥水平间有显著差异。菌肥＋复混肥可显著提高灌浆期土壤微生物量碳含量。在成熟期，菌肥＋复混肥在N120、N210、N300和N390各施肥水平比单施复混肥对应施肥水平分别高4.92%、7.96%、14.01%和22.60%，且在N300和N390施肥水平与单施复混肥对应施肥水平有显著差异。

由此可见，由于作物生长发育、施肥类型及施肥水平对土壤微生物量碳有显著影响，施肥处理均可提高土壤微生物量碳含量，本研究与马晓霞等（2012）的研究结果相近。但施肥浓度过高，则会抑制土壤微生物量碳含量。

2. 煤基复混肥不同处理对复垦区土壤微生物生物量氮的影响

受施肥、玉米不同生育期和环境因子等的影响，0～20 cm复垦土壤微生物量氮的变化总体呈现出拔节期较低、灌浆期最高、成熟期居中的变化规律。且0～20 cm土壤微生物量氮含量变化对生育期、施肥水平不同均有明显的响应（图5-22至图5-24）。

在拔节期，单施复混肥N120、N210、N300、N390各施肥水平微生物量氮含量分别比CK高1.24倍、1.66倍、2.02倍、1.12倍，且均与CK间有显著差异。N300施肥水平微生物量氮达到最高，为10.49 mg/kg，且与其他各施肥水平均有

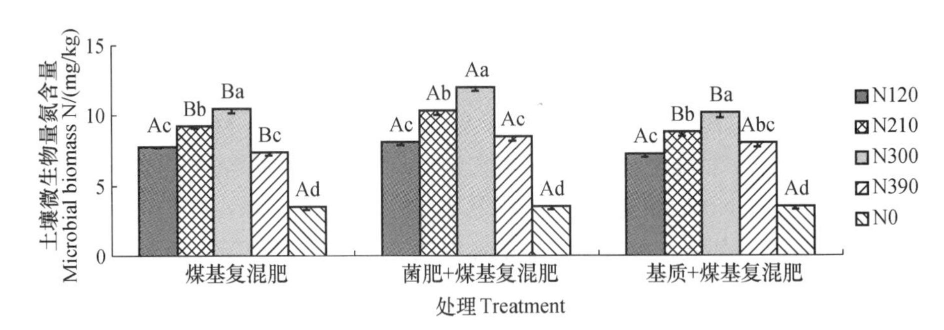

图 5-22 煤基复混肥不同处理对玉米拔节期复垦土壤微生物生物量氮的影响

Fig. 5-22 Effects of different fertilizers on soil microbial biomass N in maize jointing stage

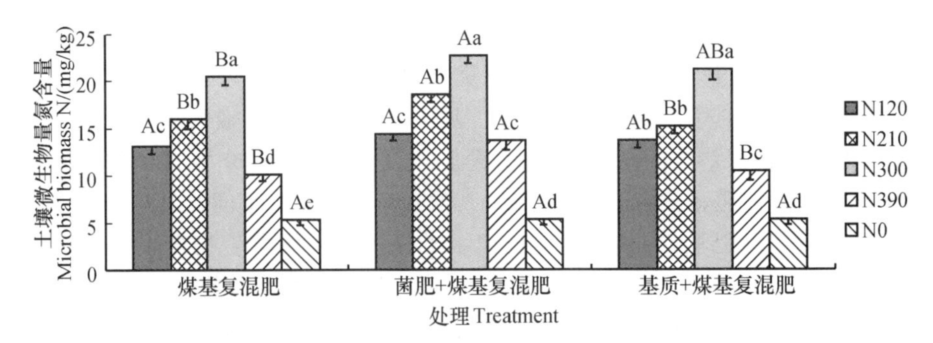

图 5-23 煤基复混肥不同处理对玉米灌浆期复垦土壤微生物生物量氮的影响

Fig. 5-23 Effects of different fertilizers on soil microbial biomass N in maize filling stage

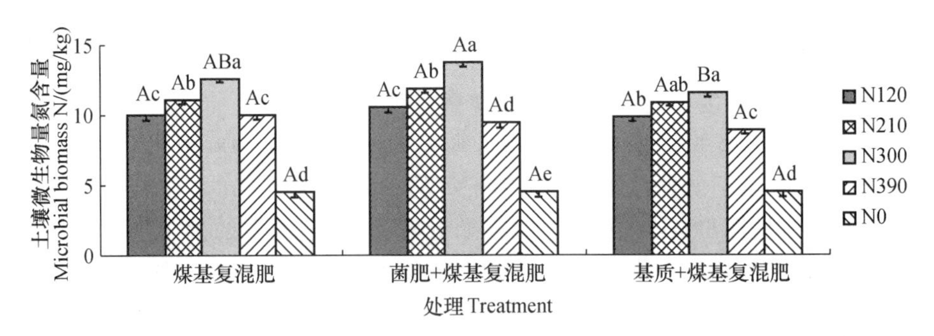

图 5-24 煤基复混肥不同处理对玉米成熟期复垦土壤微生物生物量氮的影响

Fig. 5-24 Effects of different fertilizers on soil microbial biomass N in maize mature

显著差异。N120 和 N390 间无显著差异,但与 N300 和 N210 均有显著差异。菌肥+复混肥各施肥水平均与 CK 间有显著差异。在 N300 施肥水平微生物量氮达到最高,为 11.98 mg/kg,且与其他各施肥水平均有显著差异;基质+复混肥在 N300 施肥水平微生物量氮达到最高,且与其他各施肥水平均有显著差异;在 N210、N390 施肥水平,土壤微生物量氮含量无显著差异。

在灌浆期,单施复混肥各施肥水平土壤微生物量氮含量均与 CK 间有显著差异。N300 施肥水平微生物量氮达到最高,为 20.47 mg/kg,且与其他各施肥水平均有显著差异。菌肥+复混肥各施肥水平均与 CK 间有显著差异。在 N300 施肥水平微生物量氮达到最高,为 22.74 mg/kg,且与其他各施肥水平均有显著差异;基质+复混肥同样在 N300 施肥水平达到最高,且与其他各施肥水平均有显著差异;在 N120、N210 施肥水平,土壤微生物量氮含量无显著差异。

在成熟期,单施复混肥各施肥水平土壤微生物量氮含量均与 CK 间有显著差异。N300 施肥水平微生物量氮达到最高,为 12.56 mg/kg,且与其他各施肥水平均有显著差异。菌肥+复混肥各施肥水平均与 CK 间有显著差异。在 N300 施肥水平微生物量氮达到最高,为 13.72 mg/kg,且与其他各施肥水平均有显著差异;基质+复混肥同样在 N300 施肥水平达到最高,且与 N210 施肥水平无显著差异。

由以上分析可知,在玉米不同生育期,均在 N300 施肥水平,土壤微生物量氮含量达到最高,且在玉米拔节期和灌浆期,菌肥+复混肥对土壤微生物量氮的提升显著高于单施复混肥或基质+复混肥。说明施入菌肥,可以有效激发土壤微生物活性,促进微生物繁殖,提高了土壤微生物量氮水平。

进一步比较各个生育期,不同施肥类型、同一施肥水平间土壤微生物量氮含量可知,在玉米拔节期和灌浆期,菌肥+复混肥 N210、N300 施肥水平对土壤微生物量氮的提升显著高于单施复混肥或基质+复混肥。在成熟期,三种施肥类型间土壤微生物量氮含量除了 N300 施肥水平菌肥+复混肥显著高于基质+复混肥,其他施肥水平间均无显著差异。煤基复混肥与菌肥配施对土壤微生物量氮含量在玉米不同生育期的变化趋势总体为灌浆期>成熟期>拔节期。这一研究结果与沈宏等(1999)的研究结果相似。

5.3.2 煤基复混肥不同处理对熟土区土壤微生物生物量碳氮的影响

1. 煤基复混肥不同处理对熟土区土壤微生物生物量碳的影响

在拔节期,单施复混肥可显著增加 0~20 cm 熟土区土壤微生物量碳的含量。各施肥水平均与 CK 间有显著差异($P<0.05$)。随施肥水平增加,土壤微生物量碳呈递增趋势,在 N300 施肥水平达到最大,为 141.52 mg/kg,且与其他各施肥水

平均有显著差异。在 N390 施肥水平土壤微生物量碳含量下降，且与 N120 和 N210 施肥水平无显著差异。菌肥＋复混肥可显著提高土壤微生物量碳含量，各施肥水平均与 CK 有显著差异，且在 N300 施肥水平达到最大，为 157.73 mg/kg，并与其他各施肥水平均有显著差异。基质＋复混肥各施肥水平对土壤微生物量碳含量的影响与单施复混肥类似（图 5-25 至图 5-27）。

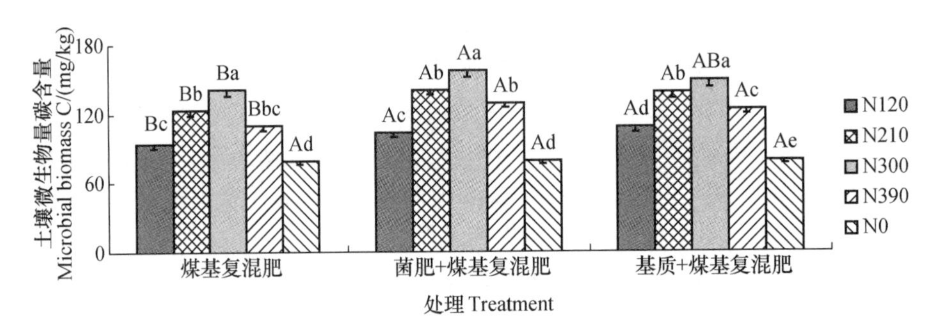

图 5-25 煤基复混肥不同处理对玉米拔节期熟土区土壤微生物生物量碳的影响

Fig. 5-25 Effects of different fertilizers on soil microbial biomass C in maize jointing stage

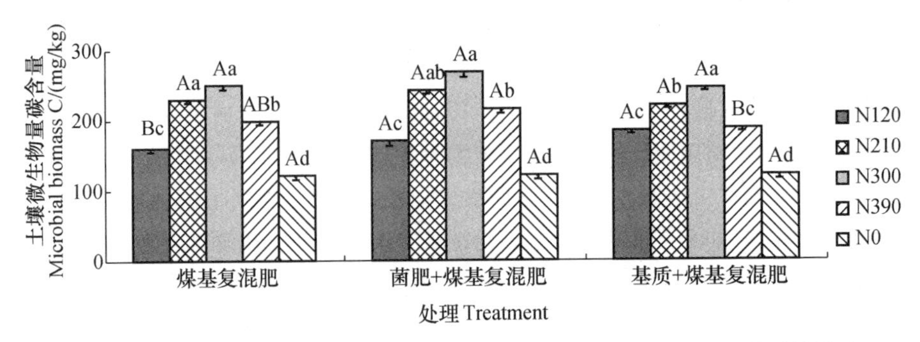

图 5-26 煤基复混肥不同处理对玉米灌浆期熟土区土壤微生物生物量碳的影响

Fig. 5-26 Effects of different fertilizers on soil microbial biomass C in maize filling stage

在灌浆期，单施复混肥各施肥水平均与 CK 间有显著差异（$P<0.05$）。随施肥水平增加，土壤微生物量碳呈递增趋势，在 N300 施肥水平达到最大，为 250.92 mg/kg，且与 N210 施肥水平无显著差异。在 N390 施肥水平土壤微生物量碳含量下降，为 199.62 mg/kg。菌肥＋复混肥可显著提高土壤微生物量碳含量，各施肥水平均与 CK 有显著差异，且在 N300 施肥水平达到最大，为 268.25 mg/kg，并与 N210 施肥水平无显著差异。基质＋复混肥各施肥水平对土

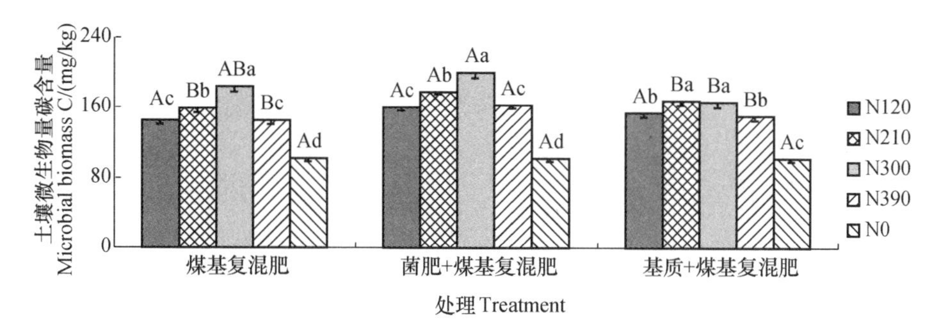

图 5-27 煤基复混肥不同处理对玉米成熟期熟土区土壤微生物生物量碳的影响

Fig. 5-27 Effects of different fertilizers on soil microbial biomass C in maize mature

壤微生物量碳含量的影响与单施复混肥类似。

在成熟期，单施复混肥各施肥水平均与 CK 间有显著差异（$P<0.05$）。在 N300 施肥水平土壤微生物量碳达到最大，为 184.31 mg/kg，且与其他施肥水平均有显著差异。在 N390 施肥水平土壤微生物量碳含量下降，为 145.34 mg/kg。菌肥＋复混肥可显著提高土壤微生物量碳含量，各施肥水平均与 CK 有显著差异，且在 N300 施肥水平达到最大，为 199.83 mg/kg。基质＋复混肥在 N210 和 N300 施肥水平间、N120 和 N390 施肥水平间均无显著差异。

综合以上分析可知，不同施肥类型、同一施肥水平间土壤微生物量碳含量因生育期不同有较大差异。在拔节期，菌肥＋复混肥的各施肥水平与单施复混肥对应同一施肥水平相比均有显著差异，但与基质＋复混肥各对应施肥水平间均无显著差异。在灌浆期，煤基复混肥不同处理、同一施肥水平间进行土壤微生物量碳含量比较可知，灌浆期菌肥＋复混肥与单施复混肥同一施肥水平相比，只在 N120 有显著差异，但在 N210、N300 及 N390 施肥水平间均无显著差异。在成熟期，煤基复混肥不同处理、同一施肥水平间进行土壤微生物量碳含量比较可知，菌肥＋复混肥的各施肥水平与单施复混肥对应同一施肥水平相比，在 N120、N300 施肥水平无显著差异，但在 N210、N390 施肥水平间有显著差异。

研究表明，施用有机肥（贾伟，2008；李娟，2008）或有机无机肥配施（林新坚，2013）可增加土壤微生物量碳含量，本研究结论与上述研究结果相似。

2. 煤基复混肥不同处理对熟土区土壤微生物生物量氮的影响

受施肥、玉米不同生育期和环境因子等的影响，0～20 cm 熟土区土壤微生物量氮的变化总体呈现出拔节期较低、灌浆期最高、成熟期居中的变化规律。且 0～20 cm 土壤微生物量氮含量变化对季节变化、施肥类型及施肥水平高低均有不同的响应（图 5-28 至图 5-30）。

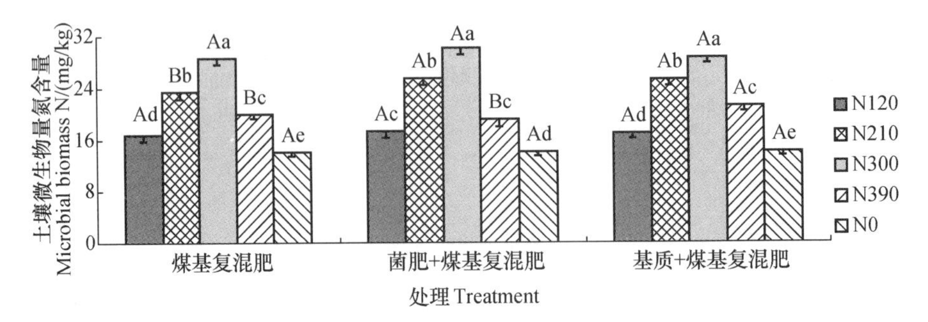

图 5-28 煤基复混肥不同处理对玉米拔节期熟土区土壤微生物生物量氮的影响

Fig. 5-28 Effects of different fertilizers on soil microbial biomass N in maize jointing stage

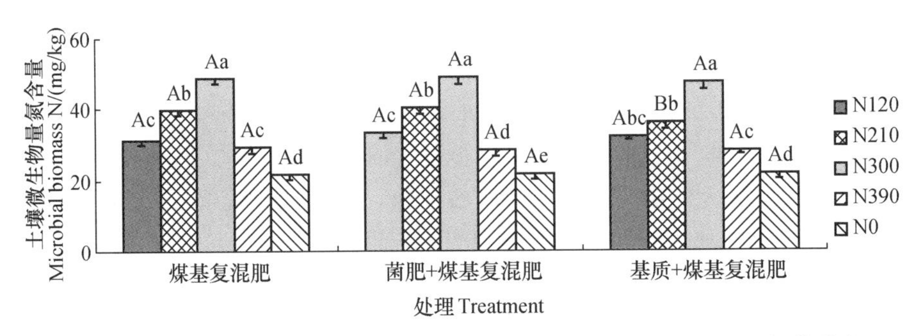

图 5-29 煤基复混肥不同处理对玉米灌浆期熟土区土壤微生物生物量氮的影响

Fig. 5-29 Effects of different fertilizers on soil microbial biomass N in maize filling stage

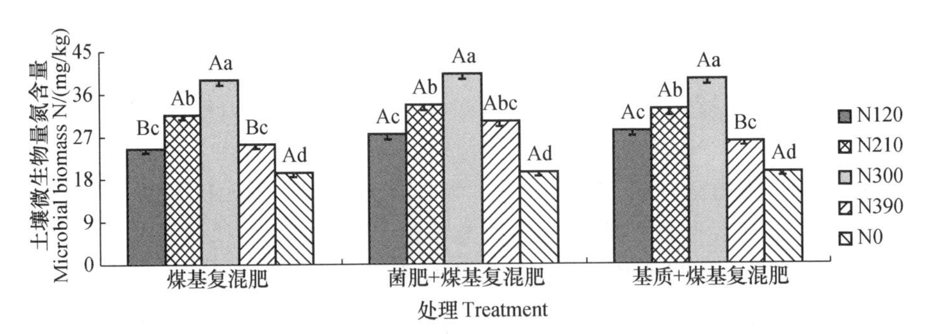

图 5-30 煤基复混肥不同处理对玉米成熟期熟土区土壤微生物生物量氮的影响

Fig. 5-30 Effects of different fertilizers on soil microbial biomass N in maize mature

在拔节期，单施复混肥各施肥水平微生物量氮含量均与CK间有显著差异。N300施肥水平微生物量氮达到最高，为28.62 mg/kg，且与其他各施肥水平均有显著差异。菌肥＋复混肥各施肥水平均与CK间有显著差异。在N300施肥水平微生物量氮达到最高，为30.15 mg/kg，且与其他各施肥水平均有显著差异；基质＋复混肥在N300施肥水平微生物量氮达到最高，为28.66 mg/kg，且与其他各施肥水平均有显著差异。

在灌浆期，单施复混肥各施肥水平土壤微生物量氮含量均与CK间有显著差异。N300施肥水平微生物量氮达到最高，为48.61 mg/kg，且与其他各施肥水平均有显著差异。菌肥＋复混肥各施肥水平均与CK间有显著差异。在N300施肥水平微生物量氮达到最高，为48.93 mg/kg，且与其他各施肥水平均有显著差异；基质＋复混肥同样在N300施肥水平达到最高，且与其他各施肥水平均有显著差异；在N120、N210施肥水平，土壤微生物量氮含量无显著差异（$P<0.05$）。

在成熟期，单施复混肥各施肥水平土壤微生物量氮含量均与CK间有显著差异。N300施肥水平微生物量氮达到最高，为39.07 mg/kg，且与其他各施肥水平均有显著差异。菌肥＋复混肥各施肥水平均与CK间有显著差异。在N300施肥水平微生物量氮达到最高，为40.15 mg/kg，且与其他各施肥水平均有显著差异；基质＋复混肥同样在N300施肥水平达到最高，且与其他各施肥水平均有显著差异。

综合以上分析可知，不同施肥类型、同一施肥水平间土壤微生物量氮含量差异明显。在拔节期，菌肥＋复混肥在N210施肥水平显著高于单施复混肥。在灌浆期，菌肥＋复混肥在N210施肥水平显著高于基质＋复混肥。在成熟期，菌肥＋复混肥土壤微生物量氮含量在N120施肥水平显著高于单施复混肥，但与基质＋复混肥无显著差异。总的来看，土壤微生物量氮含量在一定施肥水平下，随施肥水平增加有增加趋势，这与李东坡等（2004）的研究结论有类似之处。受气候条件、土壤熟化程度及耕作施肥等因素有关，导致土壤微生物量氮含量及其变化趋势与复垦区不尽相同，这与贾伟（2008）、马晓霞（2012）等所述相近。

5.4 煤基复混肥不同处理对土壤酶活性的影响

5.4.1 煤基复混肥不同处理对复垦区土壤酶活性的影响

1. 煤基复混肥不同处理对复垦区土壤脲酶活性的影响

施肥对提高各个生育期0～20 cm复垦土壤脲酶活性均有一定贡献，且土壤脲酶具有随玉米生育季节推进，呈现增高趋势（图5-31至图5-33）。

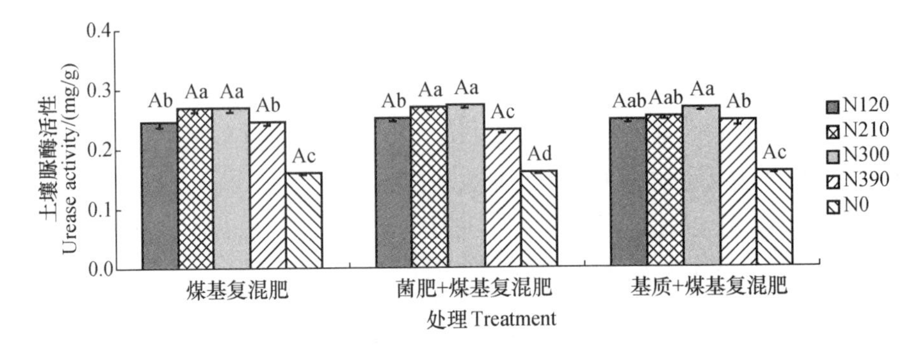

图 5-31 煤基复混肥不同处理对玉米拔节期复垦土壤脲酶活性的影响

Fig. 5-31 Effects of different fertilizers on urease activity in maize jointing stage of reclaimed soil

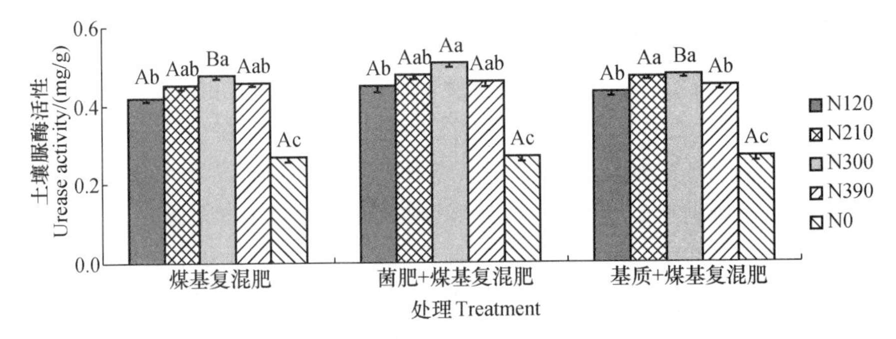

图 5-32 煤基复混肥不同处理对玉米灌浆期复垦土壤脲酶活性的影响

Fig. 5-32 Effects of different fertilizers on urease activity in maize filling stage of reclaimed soil

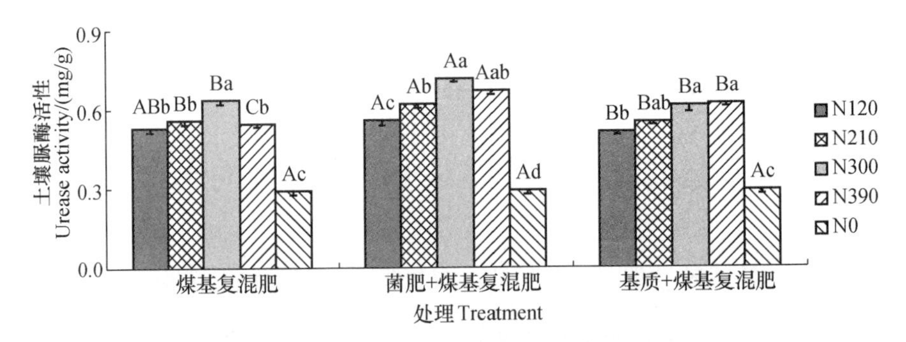

图 5-33 煤基复混肥不同处理对玉米成熟期复垦土壤脲酶活性的影响

Fig. 5-33 Effects of different fertilizers on urease activity in maize mature of reclaimed soil

在拔节期，单施复混肥 N120、N210、N300 和 N390 各施肥水平均与 CK 间有显著差异。其中 N300 施肥水平脲酶活性最高，为 0.27 mg/g，与 N210 施肥水平非常接近，二者无显著差异（$P<0.05$）。菌肥＋复混肥同样在 N300 施肥水平达到最高，为 0.28 mg/g；基质＋复混肥对土壤脲酶活性的影响与单施复混肥相似。

在灌浆期，单施复混肥 N120、N210、N300 和 N390 各施肥水平土壤脲酶活性比 CK 高 55.31%～76.25%，各施肥水平均与 CK 间有显著差异，其中 N300 施肥水平脲酶活性最高，为 0.48 mg/g，与 N210 和 N390 施肥水平无显著差异。菌肥＋复混肥同样在 N300 施肥水平达到最高，为 0.51 mg/g，且与 N210 和 N390 施肥水平无显著差异；基质＋复混肥在 N300 土壤脲酶活性达到最高，为0.48 mg/g，与 N210 施肥水平无显著差异。

在成熟期，单施复混肥 N120、N210、N300 和 N390 各施肥水平土壤脲酶活性比 CK 高 83.35%～119.46%，各施肥水平均与 CK 有显著差异，其中 N300 施肥水平脲酶活性最高，为 0.64 mg/g，且与其他施肥水平有显著差异，但 N120、N210、N390 施肥水平间均无显著差异。菌肥＋复混肥同样在 N300 施肥水平达到最高，为 0.71 mg/g，且与其他各施肥水平有显著差异。基质＋复混肥在 N300 土壤脲酶活性达到最高，为 0.61 mg/g，与 N210 施肥水平无显著差异。

综上所述，不同施肥类型、同一施肥水平间土壤脲酶活性在拔节期均无显著差异。在灌浆期，菌肥＋复混肥在 N300 水平显著高于单施复混肥或基质＋复混肥。在成熟期，菌肥＋复混肥在 N210、N300、N390 施肥水平，土壤脲酶活性均显著高于单施复混肥或基质＋复混肥。土壤脲酶活性因施肥水平及玉米生育期而不同，总体表现为菌肥＋复混肥条件下最高，这一结论与姬兴杰等（2008）的研究结论类似。

2. 煤基复混肥不同处理对复垦区土壤蔗糖酶活性的影响

在拔节期，单施复混肥 N120、N210、N300 和 N390 各施肥水平显著高于 CK。其中 N300 施肥水平蔗糖酶活性最高，为 11.62 mg/g，且显著高于其他施肥水平。菌肥＋复混肥同样在 N300 施肥水平达到最高，为 12.99 mg/g；N210 和 N390 施肥水平间蔗糖酶活性无显著差异。基质＋复混肥对土壤蔗糖酶活性的影响与菌肥＋复混肥相似（图 5-34）。

在灌浆期，单施复混肥 N120、N210、N300 和 N390 各施肥水平显著高于 CK。其中 N300 施肥水平蔗糖酶活性最高，为 15.50 mg/g，且显著高于其他施肥水平。菌肥＋复混肥同样在 N300 施肥水平达到最高，为 17.30 mg/g。各施肥水平间蔗糖酶活性均有显著差异；基质＋复混肥对土壤蔗糖酶活性的影响与菌肥＋复混肥相似（图 5-35）。

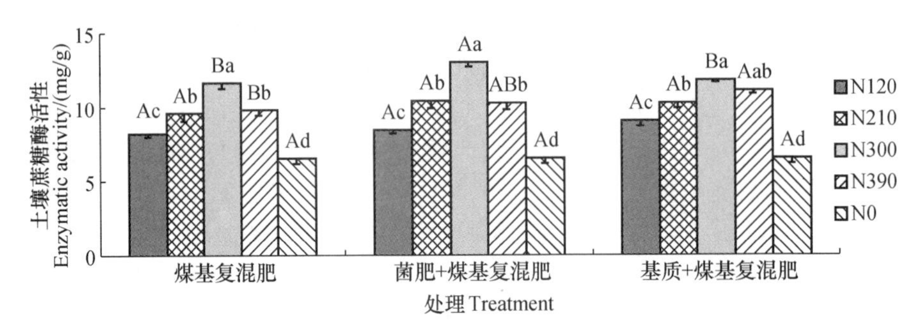

图 5-34 煤基复混肥不同处理对玉米拔节期复垦土壤蔗糖酶活性的影响

Fig. 5-34 Effects of different fertilizers on enzymatic activity in maize jointing stage of reclaimed soil

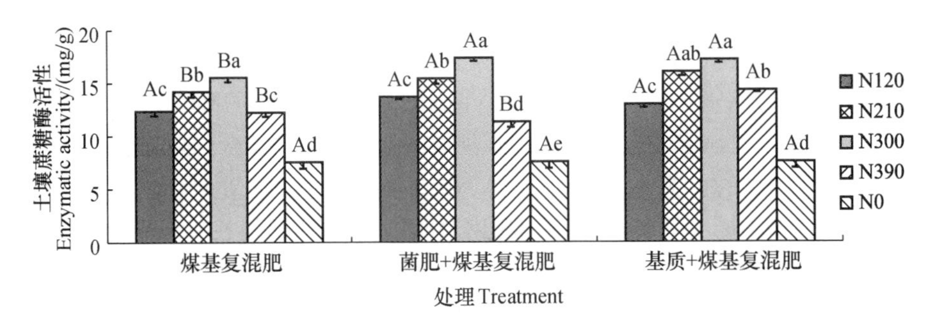

图 5-35 煤基复混肥不同处理对玉米灌浆期复垦土壤蔗糖酶活性的影响

Fig. 5-35 Effects of different fertilizers on enzymatic activity in maize filling stage of reclaimed soil

在成熟期，单施复混肥 N120、N210、N300 和 N390 各施肥水平显著高于 CK，其中 N300 施肥水平蔗糖酶活性最高，为 16.12 mg/g，且高于其他施肥水平。菌肥＋复混肥同样在 N300 施肥水平达到最高，为 17.51 mg/g，与其他施肥水平均有显著差异；N120 和 N390 施肥水平间蔗糖酶活性无显著差异（$P<0.05$）。基质＋复混肥对土壤蔗糖酶活性的影响与单施复混肥相似（图 5-36）。

综上所述，不同施肥类型、同一施肥水平土壤蔗糖酶活性比较可知，拔节期在 N300 施肥水平，菌肥＋复混肥显著高于单施复混肥和基质＋复混肥。灌浆期在 N210 和 N300 施肥水平，菌肥＋复混肥显著高于单施复混肥。成熟期三种不同施肥类型同一施肥水平间均无显著差异。

3. 煤基复混肥不同处理对复垦区土壤磷酸酶活性的影响

在拔节期，单施复混肥 N120、N210、N300 和 N390 各施肥水平磷酸酶活性分

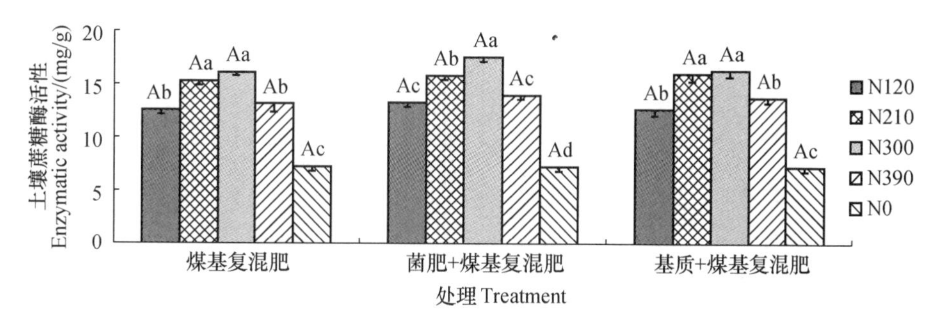

图 5-36 煤基复混肥不同处理对玉米成熟期复垦土壤蔗糖酶活性的影响

Fig. 5-36 Effects of different fertilizers on enzymatic activity in maize mature of reclaimed soil

别比 CK 高 6.57%、29.76%、51.24%、24.46%，N120 与 CK 无显著差异，其他各施肥水平均与 CK 间有显著差异。N210 和 N390 间也无显著差异($P<0.05$)。N300 施肥水平的磷酸酶活性最高，为 0.39 mg/g，且与其他施肥水平间均有显著差异。菌肥+复混肥和基质+复混肥两种施肥类型对磷酸酶活性影响类似于单施复混肥(图 5-37)。

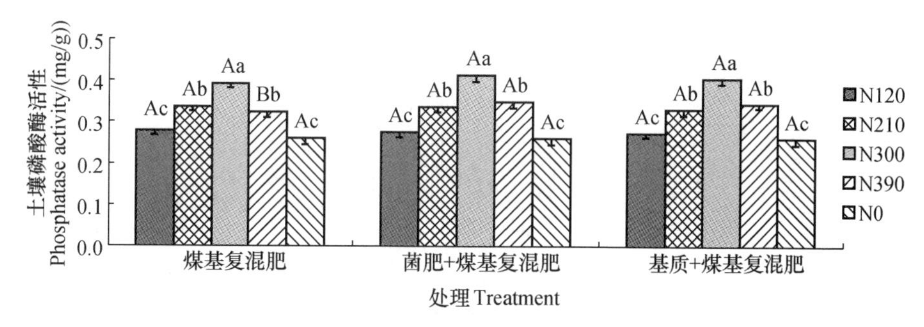

图 5-37 煤基复混肥不同处理对玉米拔节期复垦土壤磷酸酶活性的影响

Fig. 5-37 Effects of different fertilizers on phosphatase activity in maize jointing stage of reclaimed soil

在灌浆期，单施复混肥各施肥水平磷酸酶活性比 CK 高 38.54%～98.28%，且均与 CK 间有显著差异，在 N300 施肥水平，磷酸酶活性达到最大，为 0.89 mg/g。菌肥+基质各施肥水平磷酸酶活性比 CK 高 55.95%～105.97%，且均与 CK 间有显著差异。基质+复混肥各施肥水平磷酸酶活性比 CK 高 54.89%～82.14%，且均与 CK 间有显著差异(图 5-38)。

在成熟期，单施复混肥各施肥水平磷酸酶活性比 CK 高 74.09%～115.62%，

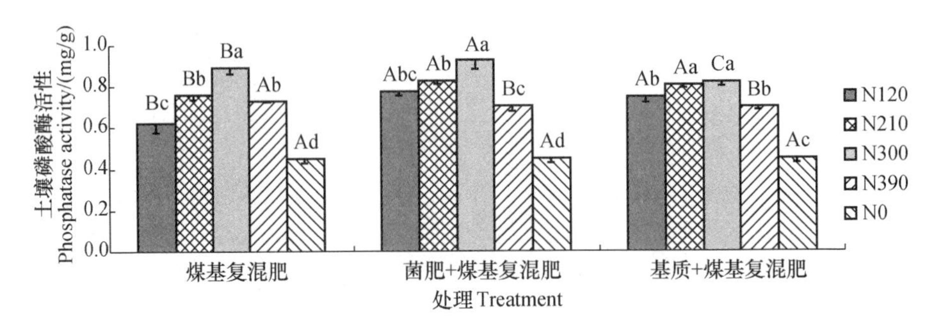

图 5-38 煤基复混肥不同处理对玉米灌浆期复垦土壤磷酸酶活性的影响

Fig. 5-38 Effects of different fertilizers on phosphatase activity in maize filling stage of reclaimed soil

且均与 CK 间有显著差异，在 N300 施肥水平，磷酸酶活性达到最大，为 0.97 mg/g。菌肥＋基质各施肥水平磷酸酶活性比 CK 高 76.72%～143.58%，且均与 CK 间有显著差异。基质＋复混肥各施肥水平磷酸酶活性比 CK 高 82.25%～102.95%，且均与 CK 间有显著差异(图 5-39)。

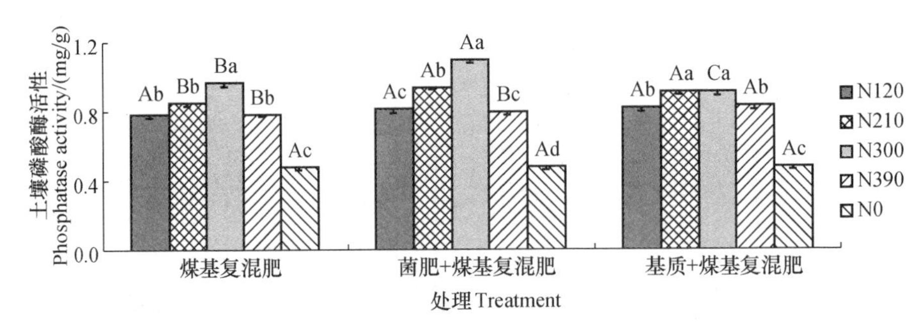

图 5-39 煤基复混肥不同处理对玉米成熟期复垦土壤磷酸酶活性的影响

Fig. 5-39 Effects of different fertilizers on phosphatase activity in maize mature of reclaimed soil

综上所述，不同施肥类型、同一施肥水平间比较，在拔节期，单施复混肥在 N390 施肥水平磷酸酶活性显著低于其他两种施肥类型，其他各个施肥水平均无显著差异。灌浆期单施复混肥磷酸酶活性在 N120、N210 和 N300 施肥水平均显著低于菌肥＋复混肥；成熟期单施复混肥在 N210 和 N300 施肥水平均显著低于菌肥＋复混肥，但在 N120 和 N390 施肥水平与菌肥＋复混肥无显著差异；在 N300 施肥水平，菌肥＋复混肥磷酸酶活性最高。在不同生育期，菌肥与复混肥配施磷酸酶活性均高于其他两种施肥类型，在灌浆期尤为明显，这可能与施入菌肥本身含有较高的磷酸酶有关，也与已有一些研究结果类似（谢林花，2004；孙瑞莲，2003）。

5.4.2　煤基复混肥不同处理对熟土区土壤酶活性的影响

1. 煤基复混肥不同处理对熟土区土壤脲酶活性的影响

在拔节期，单施复混肥 N120、N210、N300 和 N390 各施肥水平与 CK 间均有显著差异。其中 N300 施肥水平脲酶活性最高，为 2.67 mg/g，与其他施肥水平均有显著差异。在 N120 和 N390 施肥水平，土壤脲酶活性无显著差异（$P<0.05$）。菌肥＋复混肥同样在 N300 施肥水平达到最高，且其他施肥水平均有显著差异；基质＋复混肥对土壤脲酶活性在 N120、N210 无显著差异，但均与 N390 有显著差异（图 5-40）。

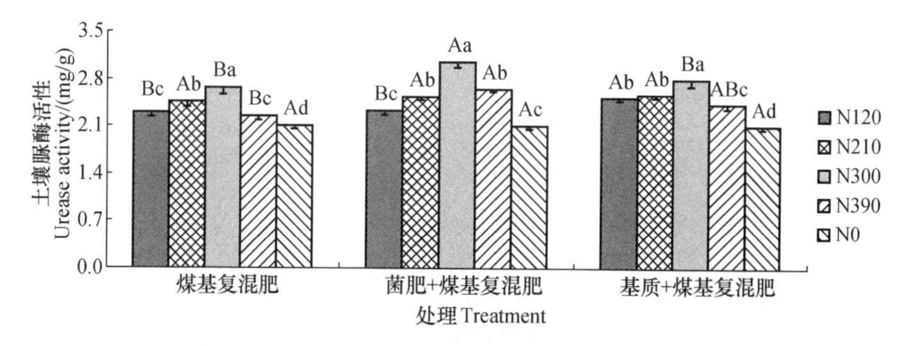

图 5-40　煤基复混肥不同处理对玉米拔节期熟土区土壤脲酶活性的影响

Fig. 5-40　Effects of different fertilizers on urease activity in maize jointing stage of mellow soil

灌浆期单施复混肥各施肥水平土壤脲酶活性与 CK 均有显著差异。在 N300 施肥水平达最大，且与其他各施肥水平均有显著差异。菌肥＋复混肥、基质＋复混肥各施肥水平对土壤脲酶活性的影响与单施复混肥类似（图 5-41）。

成熟期单施复混肥各施肥水平土壤脲酶活性与 CK 均有显著差异。在 N300 施肥水平达最大，且与其他各施肥水平均有显著差异。菌肥＋复混肥脲酶活性同样在 N300 施肥水平达到最高，且与其他各施肥水平有显著差异；在 N210 和 N390 施肥水平，土壤脲酶活性无显著差异；基质＋复混肥各施肥水平对土壤脲酶活性的影响与单施复混肥类似（图 5-42）。

综上可知，不同施肥类型、同一施肥水平间比较土壤脲酶活性可知，拔节期菌肥＋复混肥在 N300 和 N390 施肥水平，脲酶活性显著高于单施复混肥，但在 N120 施肥水平，土壤脲酶活性则为基质＋复混肥最高，菌肥＋复混肥次之，单施复混肥

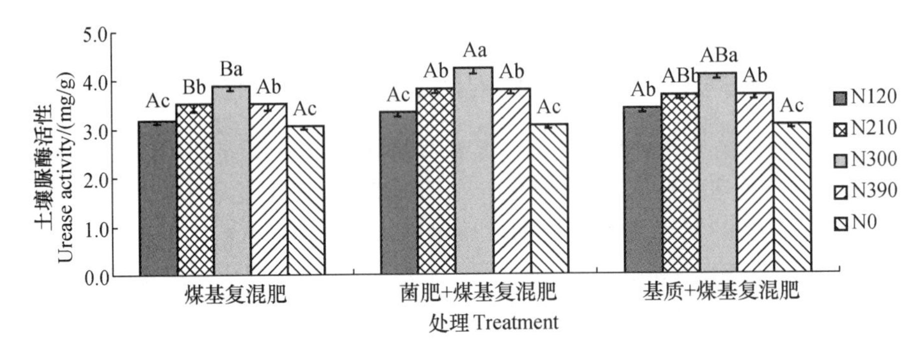

图 5-41 煤基复混肥不同处理对玉米灌浆期熟土区土壤脲酶活性的影响

Fig. 5-41 Effects of different fertilizers on urease activity in maize filling stage of mellow soil

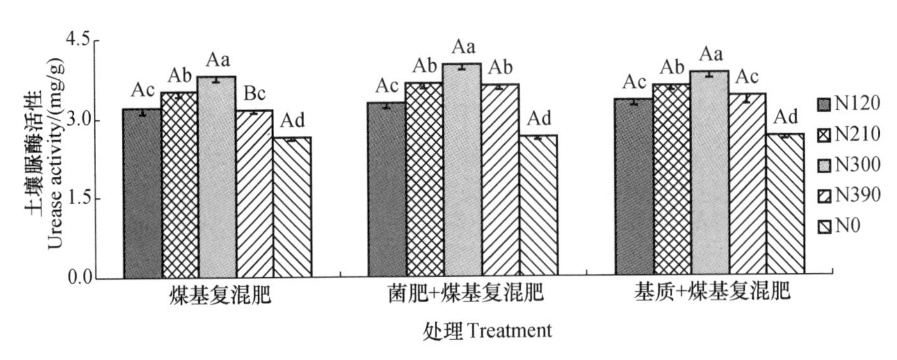

图 5-42 煤基复混肥不同处理对玉米成熟期熟土区土壤脲酶活性的影响

Fig. 5-42 Effects of different fertilizers on urease activity in maize mature of mellow soil

最低。灌浆期在 N210 和 N300 施肥水平，菌肥＋复混肥脲酶活性显著高于单施复混肥，但与基质＋复混肥同一施肥水平相比则无显著差异。成熟期各施肥水平菌肥＋复混肥与基质＋复混肥均无显著差异；在 N390 施肥水平，单施复混肥脲酶活性显著低于菌肥＋复混肥或基质＋复混肥同一施肥水平。在一定施肥水平条件下，煤基复混肥及其与菌肥配施均可提高土壤脲酶活性，这一结果与不同施肥处理对复垦土壤酶活性影响的研究结论一致(乔志伟，2011；李金岚，2010)。

2. 煤基复混肥不同处理对熟土区土壤蔗糖酶活性的影响

煤基复混肥不同处理对土壤蔗糖酶活性有显著影响。拔节期单施复混肥蔗糖酶活性在 N300 施肥水平达到最高，且与其他各施肥水平有显著差异。在 N210 和

N390 施肥水平，蔗糖酶活性无显著差异。菌肥＋复混肥、基质＋复混肥蔗糖酶活性同样在 N300 施肥水平达到最高，各施肥水平对土壤蔗糖酶活性的影响与单施复混肥类似(图 5-43)。

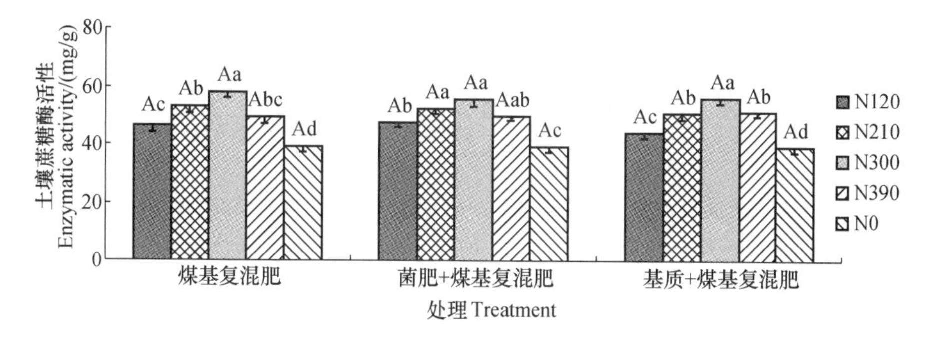

图 5-43　煤基复混肥不同处理对玉米拔节期熟土区土壤蔗糖酶活性的影响

Fig. 5-43　Effects of different fertilizers on enzymatic activity in maize jointing stage of mellow soil

在灌浆期，三种施肥类型蔗糖酶活性均在 N300 施肥水平达到最高，且与其他各施肥水平有显著差异(图 5-44)。

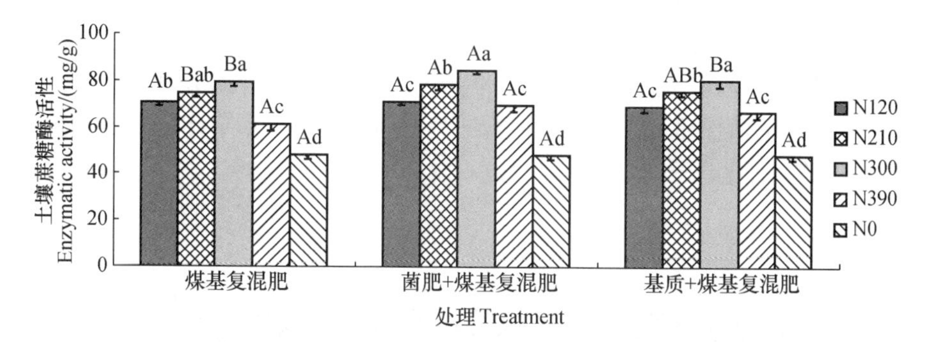

图 5-44　煤基复混肥不同处理对玉米灌浆期熟土区土壤蔗糖酶活性的影响

Fig. 5-44　Effects of different fertilizers on enzymatic activity in maize filling stage of mellow soil

在成熟期，三种施肥类型蔗糖酶活性均在 N300 施肥水平达到最高，且均与 N210 施肥水平无显著差异(图 5-45)。

综上可知，不同施肥类型、同一施肥水平间进行土壤蔗糖酶活性比较，拔节期土壤蔗糖酶活性均无显著差异。灌浆期菌肥＋复混肥土壤蔗糖酶活性在 N210、N300 施肥水平显著高于单施复混肥。成熟期在 N120 施肥水平，单施复混肥显著

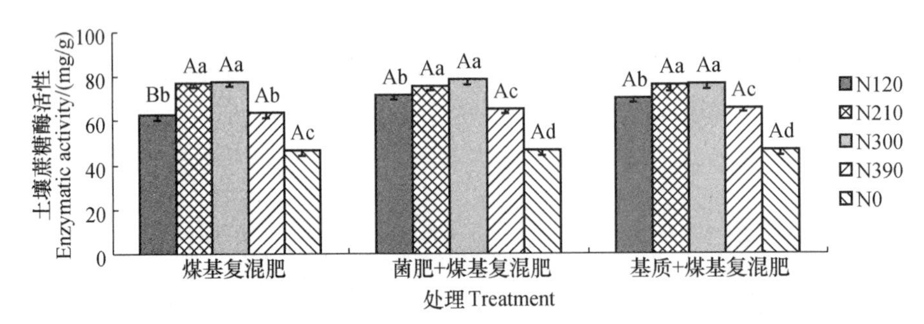

图 5-45　煤基复混肥不同处理对玉米成熟期熟土区土壤蔗糖酶活性的影响

Fig. 5-45　Effects of different fertilizers on enzymatic activity in maize mature of mellow soil

低于菌肥＋复混肥和基质＋复混肥，其他各个施肥水平无显著差异。研究表明(夏雪，2010)，在玉米不同生育期，有机肥与无机肥配施可使蔗糖酶活性高于单施氮肥或单施有机肥，原因在于有机肥可通过自身含有的有机碳、微生物与化学肥料中的氮素共同作用，为微生物生存与繁殖创造了较好的环境，因而有利于蔗糖酶活性的提高。本书研究结果与此一致。

3. 煤基复混肥不同处理对熟土区土壤磷酸酶活性的影响

在拔节期，三种施肥类型 N120、N210、N300 和 N390 施肥水平磷酸酶活性均与 CK 有显著差异，且在 N300 施肥水平达到最高水平，其中菌肥＋复混肥 N300 施肥水平磷酸酶活性略高于其他两种施肥类型的同一施肥水平，但无显著差异(图 5-46)。

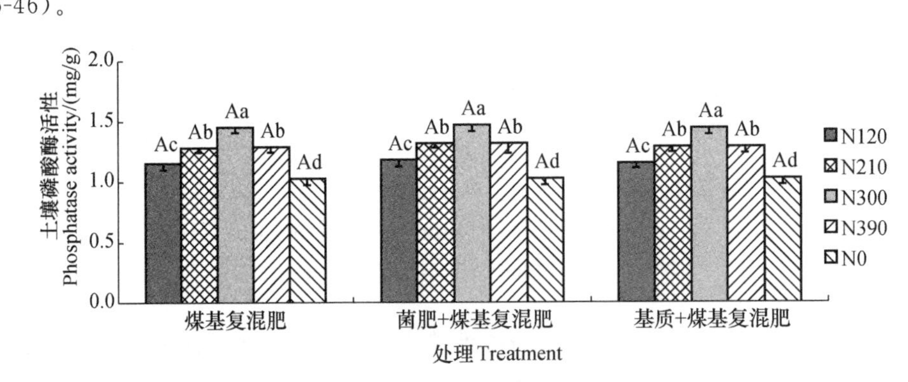

图 5-46　煤基复混肥不同处理对玉米拔节期熟土区土壤磷酸酶活性的影响

Fig. 5-46　Effects of different fertilizers on phosphatase activity in maize jointing stage of mellow soil

在灌浆期，磷酸酶活性较拔节期有所增加，在单施复混肥时各施肥水平较CK增加了28.78%～46.13%，N210、N300和N390施肥水平均与N120有显著差异；菌肥＋复混肥，N120、N210、N300和N390施肥水平磷酸酶活性无显著差异，但均与CK有显著差异。基质＋复混肥在N120、N210和N300施肥水平无显著差异（图5-47）。

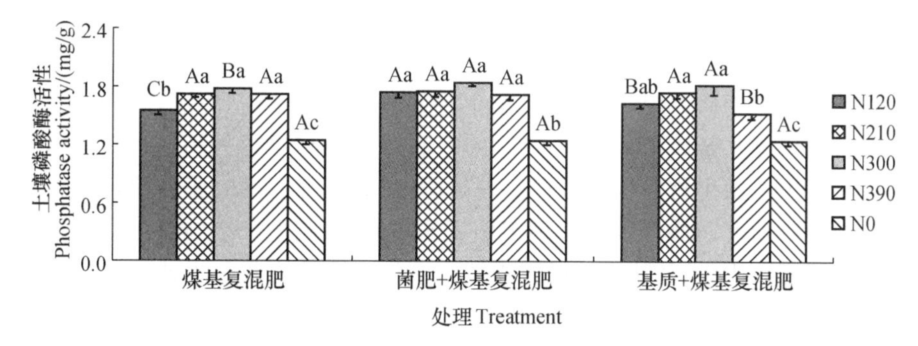

图5-47 煤基复混肥不同处理对玉米灌浆期熟土区土壤磷酸酶活性的影响

Fig. 5-47 Effects of different fertilizers on phosphatase activity in maize filling stage of mellow soil

在成熟期，单施复混肥N210、N300和N390施肥水平磷酸酶活性与N120有显著差异。菌肥＋复混肥各施肥水平间均无显著差异。基质＋复混肥N210和N300施肥水平磷酸酶活性无显著差异（图5-48）。

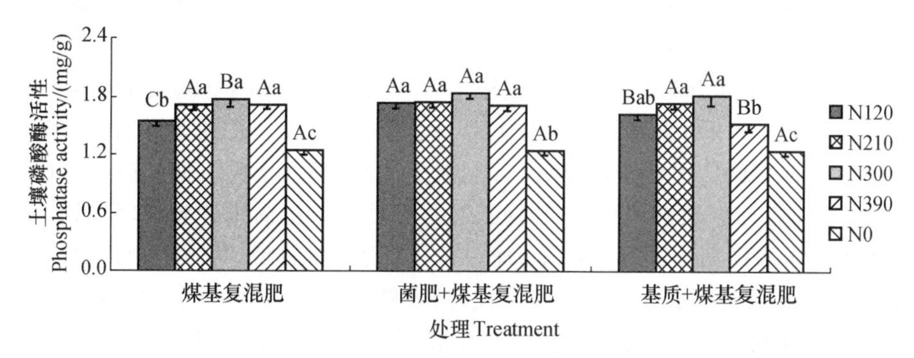

图5-48 煤基复混肥不同处理对玉米成熟期熟土区土壤磷酸酶活性的影响

Fig. 5-48 Effects of different fertilizers on phosphatase activity in maize mature of mellow soil

综上所述，在灌浆期，不同施肥类型、同一施肥水平间比较可知，在N120和N300施肥水平，菌肥＋复混肥磷酸酶活性显著高于单施复混肥。在成熟期，不同施肥类型、同一施肥水平比较可知，在N120和N300施肥水平，菌肥+复混肥显著高于单施复混肥。

土壤磷酸酶在不同施肥类型，不同施肥水平间的变化与刘淑英(2011)在灌耕灰钙土上的研究结果有相近之处。

5.5 讨论

在土地复垦的研究中，目前主要集中在如何重构土壤(赵庚星，2000；胡振琪，2005)、如何修复重金属污染(胡振琪，2006)和植被恢复(刘飞，2009)等，虽然对复垦后土壤肥力及微生物性状也进行了一些研究(焦晓燕，2009；张乃明，2003；洪坚平，2000；方辉，2007；滕应，2004；毕银丽，2005)，但不同施肥措施对土壤微生物的影响方面研究较少，尤其从土壤微生物群落结构方面研究复垦土地肥力变化的报道甚少(李金岚，2010)。

5.5.1 煤基复混肥不同处理对复垦区土壤微生物生物量的影响规律

1. 煤基复混肥不同处理对土壤微生物PLFA总量的影响规律

研究表明，煤基复混肥不同处理在玉米不同生育期对复垦区土壤微生物PLFA总量均有明显提高作用。从玉米生育期来看，土壤微生物PLFA总量的变化趋势基本为：拔节期＜成熟期＜灌浆期。

在拔节期，受土壤养分供应、水分、温度以及作物生长等因素影响，土壤微生物活性相对较低。拔节期单施复混肥N120施肥水平与CK间无显著差异。随施肥量增加，在N210和N300施肥水平土壤PLFA总量显著高于CK处理。在N390施肥水平，土壤PLFA显著下降，且与CK间无显著差异。总的来看，在玉米拔节期，土壤PLFA总量相对较低，原因可能在于：①播种期至拔节期，复垦区气温较低，微生物生存与繁殖进入活跃期时间较短，微生物繁殖尚未达到高峰期；②由于5月中下旬至采样期该区域有效降水较少，土壤含水量较低，导致土壤内微生物活动和繁殖缺乏必要的水分；③复垦区土壤尚未熟化，原生土壤微生物数量较少，加上土壤中的养分贫乏，不能有效供给微生物活动和繁殖，因此土壤PLFA总量较低。随施入复混肥量的增加，土壤PLFA总量也在增加，但在施入超高浓度(N390)的肥料后，土壤微生物PLFA量减少，原因可能在于：①施入复混肥可为微生物提供其赖以生存和繁殖的碳源和氮源，但其量值需要维持在一定限度内，一旦超过这个限度就会对土壤微生物生存与繁殖形成胁迫；②施肥的方式可能也是其中一个原因，古交复垦区采用穴施方式施肥，导致复混肥在较小的空间内肥料更为集中,由此形成较高肥料浓度的"微域"环境,一旦这种浓度超过了微生物活性所需环境,就会对其较为明显的抑制。土壤微生物 PLFA 总量在超高施肥水平呈下降态势,这一研究结果与罗明(2000)、侯彦林(2004)等的研究结果有类似之处。菌肥与复混肥配施、基质与复混肥配施同样存在类似于单施复混肥对土壤 PLFA 总量变化的影响,且在 N120 和 N390 施肥水平均无显著差异。

在玉米灌浆期,土壤微生物 PLFA 总量较拔节期显著增加。说明煤基复混肥及其与菌肥配施可为玉米生长、微生物繁殖提供充足养分,从而激发了微生物活性。加上拔节期至灌浆期这一阶段,复垦区水、热资源相对丰富,肥料供应强度较高,作物生长进入旺盛期,玉米根系可为土壤微生物提供营养物质,因此拔节期至灌浆期这一阶段土壤 PLFA 总量最高,这与李金岚的研究结果相似(李金岚,2010)。菌肥与复混肥配施可以显著提高土壤微生物 PLFA 总量,在各个施肥水平均与 CK 间有显著差异,且在 N300 施肥水平达到最高。在 N390 施肥水平,出现土壤微生物 PLFA 总量降低的现象。说明施入浓度较高的肥料,对土壤微生物活性形成明显抑制。在灌浆期煤基复混肥不同处理、同一施肥水平间比较可知,菌肥与复混肥配施对土壤微生物 PLFA 总量的贡献在各个施肥水平均显著高于单施复混肥。原因可能在于复垦土壤是就近填埋的生土,本身缺乏有机质和微生物活动和繁殖的营养元素。菌肥和复混肥施入后,一方面可为土壤原生微生物活动提供了丰富的碳源和氮源;另一方面也由于菌肥本身带入大量的外源菌群,使得菌肥与复混肥配施土壤微生物 PLFA 总量显著高于单施复混肥。基质与复混肥配施对于土壤微生物 PLFA 总量的影响高于单施复混肥,却比菌肥与复混肥配施要低。在 N300 施肥水平二者存在显著差异。已有研究表明,微生物技术用于复垦土壤,可以通过微生物菌群的外源输入,改善植物营养环境,促进植物生长发育,使微生物活性较低的复垦土壤重新建立和恢复微生物体系,从而有利于土壤熟化(毕银丽,2005;2006)。

进入成熟期后,不同施肥类型、同一施肥水平相比,土壤 PLFA 总量均有所下降,但仍以菌肥与复混肥配施土壤 PLFA 总量最高,其中在 N300 和 N390 施肥水平,菌肥+复混肥土壤 PLFA 总量显著高于单施复混肥;在 N390 施肥水平,菌肥+复混肥土壤 PLFA 总量显著高于基质+复混肥。不同的施肥类型及其施肥水平间土壤 PLFA 总量存在着差异,说明微生物对不同底物的响应有所不同,同时也可能反映出构成 PLFA 总量的组成部分对施肥类型及施肥量有不同的响应,从而导致 PLFA 总量的变化。因此进一步分析煤基复混肥不同处理对土壤细菌及真菌 PLFA 量的影响有助于对此现象的解释。

2. 煤基复混肥不同处理对土壤细菌 PLFA 的影响规律

本试验研究表明，在玉米的三个生育期，不同的施肥水平对提高细菌 PLFA 量均有促进作用，即在 N120、N210 和 N300 这三个施肥水平，随施肥量的增加，土壤细菌 PLFA 量也在增加，至 N300 达到最高水平；进一步提高施肥水平（N390），土壤细菌 PLFA 量有所下降。单施复混肥、菌肥与复混肥配施、基质与复混肥配施这三种不同施肥类型均可不同程度地增加细菌 PLFA 量。这一点与土壤微生物 PLFA 总量的变化趋势基本一致。在不同生育期，细菌 PLFA 量的变化与土壤 PLFA 总量的变化有较好的相关性。单施复混肥条件下，拔节期细菌 PLFA 量占微生物 PLFA 总量的 31.49%～57.35%，随施肥量的增加，细菌 PLFA 量所占比例也在增加；在灌浆期，其占比为 63.23%～81.69%，在成熟期，其占比为 53.13%～71.02%；可见细菌 PLFA 量占土壤 PLFA 总量的比例较大，是土壤微生物中的优势菌群；说明施入土壤中不同分解底物，细菌扩繁能力得以增加，且优于真菌、放线菌等其他微生物繁殖能力。这一研究结果与 Meidute S 等（2008）的研究结果相近。侯彦林等（2004）研究表明，在肥土比为 1∶400 以下时，随施肥量的增加，细菌数量随之增加，但当肥土比增加为 1∶200 时，细菌数量显著减少。虽然在实际生产中不可能有这么高的肥土比，但在穴施肥料时，仍有可能在根系附近产生微域效应，从而导致细菌 PLFA 量有所下降。菌肥与复混肥配施，土壤细菌 PLFA 量在各个生育期均显著高于单施复混肥或基质与复混肥配施，说明菌肥与煤基复混肥配施可显著改善细菌菌群在土壤微生物中的比例。

3. 煤基复混肥不同处理对土壤真菌 PLFA 的影响规律

本试验研究表明，真菌 PLFA 量占微生物 PLFA 总量比例较小。在单施复混肥条件下，拔节期真菌 PLFA 量的占比仅为 3.40%～22.47%，在灌浆期，其占比为 12.53%～25.83%，成熟期真菌 PLFA 量的占比为 14.36%～36.62%。在菌肥与复混肥配施时，拔节期真菌 PLFA 量的占比为 2.78%～21.45%，灌浆期其占比为 13.43%～31.02%，成熟期其占比为 15.25%～35.78%。由此可见，在不同生育期，单施复混肥及其与菌肥配施均对真菌 PLFA 在 PLFA 总量中的占比有明显影响。研究表明，真菌对施肥量高低较为敏感，在低氮水平下，真菌活性相对较高。外加氮肥，真菌群落组成会发生变化，其生物量比细菌生物量下降更大（Demoling F，2008）。在本研究中，土壤 PLFA 总量和细菌 PLFA 量平均值在 N300 施肥水平达到最高，但真菌 PLFA 量平均值在 N210 即达到最高水平，其原因可能与真菌对施肥量较为敏感有关。

5.5.2 煤基复混肥不同处理对熟土区土壤微生物生物量的影响规律

本试验结果表明,不同施肥类型均可提高熟土区土壤微生物 PLFA 总量。施肥和作物生长等因素影响土壤理化性状,进而对土壤微生物数量和结构产生影响(Marschner P,2003)。有机肥中的易利用态碳、氮养分有利于土壤微生物的生长,往往在施入有机肥后会导致土壤微生物量高于不施肥或施用化肥(Kaur K,2005)。事实上,不同肥料施用会对土壤养分含量和微环境产生较大影响,从而可以诱导土壤微生物群落结构和生物量发生变化(张焕军等,2011)。由于不同施肥量、施肥时间、施肥类型以及作物生长、土壤类型差异等因素影响,土壤微生物会有不同的响应。因此,现有的关于施肥对于微生物群落的影响报道不少,结果却不尽相同甚至相反(Lovell R D,1995;Bardgett R D,1999;Wang S G,2004)。本试验研究表明,由于东阳熟土区土壤本身具有较高肥力,且含有大量微生物。煤基复混肥及其与菌肥配施可使熟土区 0~20 cm 土壤 PLFA 总量在不同生育期均保持了较高水平。煤基复混肥不同处理可以提高土壤肥力,利于微生物得生存和繁殖。相比之下,菌肥与复混肥配施对提高土壤 PLFA 总量的作用更为明显;但施肥量需要限制在一定水平,一旦超过这个限度,就会对微生物扩繁形成抑制。在熟土区,超高量施肥(N390)对土壤微生物也会产生抑制,但与复垦区相比,抑制的程度要弱,这可能与熟土区土壤-微生物系统更为复杂,对外界不利因素缓冲能力更强有关。已有研究表明,秸秆还田配合施用化肥能够明显减弱化肥对微生物的抑制作用(曹志平等,2006)。我国北方适合微生物生物量和功能多样性存在的最优 N 水平是 160~320 kg/hm^2(Zhang N L,2008)。本书研究结论与此基本一致。

本研究表明,在不同生育期细菌 PLFA 量占土壤微生物 PLFA 总量的比例均较高,说明煤基复混肥可以促进细菌增长,同时也说明细菌是微生物群落中的优势种群,施肥对其的结构和数量有较大影响。已有研究表明,在农田及草地生态系统中,细菌占到土壤微生物量的主要部分,而真菌的占比大多在 20%以下(Franciska T de V,2006)。本研究结论与此一致。

5.5.3 煤基复混肥不同处理对土壤微生物量碳氮及酶活性的影响规律

土壤微生物是土壤生物化学进程的主要调节者。作为土壤活性养分储存库,微生物量碳、氮是植物生长可利用养分的重要来源(王晓龙等,2006)。土壤微生物量是土壤有机质的活性库,对土壤有机质分解和养分循环有重要作用,是反映土壤微生物活性的直接指标(Alvarez C R,2000),也是植物生长可利用养分的重要来源(Roy S,1994;Xun Y C,2002)。土壤中存在多种多样的酶,它们的来源和数量影响土壤微生物的数量和结构，土壤酶活性可以反映土壤生物化学过程的强度和方向(DICK P,1994)。土壤微生物数量及结构、土壤酶活性可因环境差异如水分、温度、作物生长以及土壤本身性状、施肥水平的高低等方面做出积极响应。在以往相当长的时间里，研究者主要关注土壤理化特性，并将其作为衡量和评价土壤肥力或质量高低的主要指标。近年来，随着微生物研究的技术越来越先进和多样，人们对微生物在整个土壤生态系统中的重要功能认识也越来越深入，已经有更多的研究将土壤理化特性和不同的土壤微生物参数相结合来评价土壤肥力和质量的变化，包括土壤微生物生物量、酶活性以及微生物的多样性等(Warkentin B P,1995；孙瑞莲等,2003)。

1. 煤基复混肥不同处理对土壤微生物量碳氮的影响规律

土壤微生物生物量和酶活性等生物性状指标非常敏感，能更好地反映出土壤质量的变化(Doran J W et al.,1996)。土壤微生物生物量既是土壤养分转化的驱动者，又是植物有效养分的储备库，土壤的微小变动均会引起其活性变化(刘恩科等,2008)。土壤酶是由微生物等释放至土壤中的一类活性物质，同时是土壤生态系统物质和能量转化的纽带(万忠梅,2005)。土壤质量不仅取决于土壤的理化性质，且与土壤的生物学性质密切相关。

本试验研究表明，煤基复混肥不同处理对复垦区和熟土区土壤微生物生物量有明显影响。施肥均可显著提高土壤的微生物量碳氮含量，复垦区这种效应体现更明显。试验表明，在复垦区，单施复混肥土壤微生物量碳含量在拔节期、灌浆期和成熟期分别比 CK 高 1.40～1.71 倍、1.17～1.64 倍、1.24～1.63 倍。微生物量氮含量在拔节期、灌浆期和成熟期分别比 CK 高 1.11～2.02 倍、0.93～2.89 倍、1.23～1.81 倍。菌肥与复混肥配施土壤微生物量碳含量在拔节期、灌浆期和成熟期分别比 CK 高 1.43～1.98 倍、1.36～1.98 倍、1.36～2.00 倍。微生物量氮含量在拔节期、灌浆期和成熟期分别比 CK 高 1.32～2.45 倍、1.60～3.32 倍、1.11～2.06 倍；基质与复混肥配施土壤微生物量碳含量在拔节期、灌浆期和成熟期分别比 CK 高 1.35～1.73 倍、1.23～1.71 倍、1.21～1.67 倍。微生物量氮含量分别提高 1.07～1.93 倍、0.98～3.03 倍、1.11～2.06 倍。

在熟土区，单施复混肥微生物量碳比 CK 高 18.68%～107.41%，微生物量氮比 CK 高 18.90%～122.18%；菌肥与复混肥配施微生物量碳比 CK 高 30.49%～121.75%，微生物量氮比 CK 高 22.40%～123.63%；基质与复混肥配施微生物量碳比 CK 高 36.47%～102.83%，微生物量氮比 CK 高 20.21%～116.42%。

已有研究表明，添加有机物料可引起土壤微生物生物量改变(沈其荣,1994)，施入有机-无机复合肥能显著提高土壤微生物量碳氮(熊淑萍,2008)。本试验研究表明,在复垦区,土壤微生物量碳含量在拔节期三种施肥类型均未体现显著差异,进入灌浆期后,菌肥+复混肥土壤微生物量碳含量显著高于单施复混肥或基质+复混肥,说明菌肥与复混肥配施后确实能够提高土壤中微生物数量,且在中量(N210)、高量(N300)具有显著差异。而在熟土区,煤基复混肥及其与菌肥配施同样可促进土壤微生物活性,在同一施肥类型,不同施肥水平土壤微生物量碳含量存在显著差异,但是在不同施肥类型,同一施肥水平间比较,土壤微生物量碳含量变化并未像复垦区差异显著,这可能与熟土区土壤微生物本身体量较大,一次施肥尚不能使其有明显差异。

2. 煤基复混肥不同处理对土壤微生物量酶活性的影响规律

煤基复混肥不同处理对复垦区和熟土区土壤酶活性有明显影响。在复垦区,单施复混肥提高磷酸酶活性 6.57%～102.15%。菌肥与复混肥配施提高磷酸酶活性 5.62%～128.35%。基质与复混肥配施提高磷酸酶活性 5.19%～90.27%。单施复混肥可提高蔗糖酶活性 25.27%～122.90%。菌肥与复混肥配施可提高蔗糖酶活性 28.36%～142.13%;基质与复混肥配施可提高蔗糖酶活性 38.10%～126.21%。单施复混肥可提高脲酶活性 55.31%～119.46%;菌肥与复混肥配施可提高脲酶活性 44.62%～146.15%基质与复混肥配施可提高脲酶活性 54.94%～111.25%。

在熟土区,单施复混肥可提高磷酸酶活性 5.61%～30.75%;菌肥与复混肥配施可提高磷酸酶活性 11.09%～32.61%;基质与复混肥配施可提高磷酸酶活性 11.81%～30.68%。单施复混肥可提高蔗糖酶活性 12.26%～67.11%。菌肥与复混肥配施,可提高 15.52%～79.70%;基质与复混肥配施可提高 7.27%～77.24%。单施复混肥提高脲酶活性 3.90%～32.65%;菌肥与复混肥配施可提高脲酶活性 9.12%～40.20%;基质与复混肥配施可提高脲酶活性 10.76%～32.41%。

土壤微生物量碳氮及其酶活性变化对施肥量和土壤环境有明显响应,原因在于煤基复混肥不同处理后,可增加土壤有机质含量。已有研究表明,长期施用有机肥或秸秆还田可显著提高农作土壤微生物量碳氮含量。

煤基复混肥不同处理对复垦区和熟土区土壤微生物量碳氮及酶活性均有显著影响。由于施入煤基复混肥后,可为土壤微生物提供碳源和氮源,从而影响到土壤微生物量碳氮含量及酶活性水平。在低肥(N120)、中肥(N210)和高肥(N300)水平随施肥量的增加,微生物量碳氮以及酶活性也在增加。在超高量施肥(N390)水平,土壤微生物碳氮以及酶活性有下降趋势,表明施肥水平过高会对土壤微生物量碳氮及酶活性形成抑制。复垦区穴状施肥虽有可能提高肥料利用率,但也可能使局部微环境肥料浓度过高,从而会抑制土壤微生物活动,导致土壤微生物量碳氮和酶活性下降。这一研究结果与肖新(2013)、罗明(2000)、秦俊梅(2014)、崔新卫(2014)等结果有类似之处。但与张彦东(2005)、董艳(2008)等的研究结果并不一致,这可能与施肥水平、施肥方式、土壤环境、气候条件等差异有关。

5.6 小结

通过煤基复混肥及其与菌肥配施对两个试验区(复垦区和熟土区)玉米不同生育期土壤微生物群落结构的组成和数量变化、土壤微生物量碳氮及土壤酶活性研究,结果表明:

(1)复垦区和熟土区土壤 PLFA 总量变化随施肥量增加,呈增加的趋势,且均在 N300 施肥水平达到最高。超高量(N390)施肥对土壤 PLFA 总量有抑制作用。菌肥与复混肥配施对复垦区土壤 PLFA 总量影响较其他两种施肥类型更为显著。

(2)菌肥与复混肥配施可以显著提高细菌 PLFA 量;在高施肥水平(N300),细菌 PLFA 量达到最高值。但与低、中施肥水平相比,其增长速率放缓。土壤细菌 PLFA 量变化趋势表现为:灌浆期>成熟期>拔节期;菌肥+复混肥>基质+复混肥>单施复混肥。

(3)土壤真菌在不同生育期增长速率显著低于细菌,真菌 PLFA 量在 N210 施肥水平达到最大,与细菌相比,真菌对高浓度施肥的耐受性较差。在玉米各个生育期,单施复混肥真菌 PLFA 量显著低于菌肥+复混肥。

(4)不同施肥类型、同一施肥水平,土壤 PLFA 总量、细菌和真菌 PLFA 量均在灌浆期达到最高。土壤微生物受水热资源以及作物生长等因素影响明显。

(5)煤基复混肥及其与菌肥配施均可不同程度提高复垦区和熟土区土壤微生物量碳氮水平。单施复混肥、菌肥+复混肥、基质+复混肥均在 N300 水平微生物量碳氮含量达到最高水平,且均在玉米灌浆期,土壤微生物量碳氮水平达到最高。在两个试验区,菌肥+复混肥较其他两种施肥类型能明显提高土壤微生物量碳氮含量。

(6)煤基复混肥及其与菌肥配施均可提高土壤酶活性。随施肥水平的提高,土壤脲酶、磷酸酶和蔗糖酶也在不同程度增加,至 N300 施肥水平三种酶活性达到最高。不同生育期,土壤酶活性随季节温度、玉米生长、肥料供应等有一定的差别。在复垦区脲酶活性和磷酸酶活性在成熟期达到最高水平;蔗糖酶活性在灌浆期达到最高水平;在熟土区,三种酶活性均在灌浆期达到最高水平。在两个试验区,菌肥+复混肥较其他两种施肥类型能明显提高土壤酶活性。

6　煤基复混肥不同处理对玉米生长和产量的影响

玉米是当今世界上最重要的食物安全资源之一，种植面积和总产量仅次于水稻和小麦，居世界第3位（李德发等，2003；祖刚，2004）。据统计，我国70%的玉米用作饲料。因此，玉米品质是决定畜牧业和加工业产品数量与质量的关键。由于玉米的需求量很大，玉米本身又是一种高光效的C4植物，可以通过自身的光合作用、养分吸收、水分利用使得玉米在各个生育期内积累较多的干物质量，而这些要素也是玉米高产的基础。不同施肥处理会对玉米产量和品质形成较为明显的影响。因此，了解施肥对玉米干物质积累的影响规律有助于采取有效措施调控作物生长发育，提高作物产量，但在不同的肥料用量、不同品种、不同气候等条件下，作物干物质积累的规律有一定差异，只有在广泛积累资料的条件下，才能对其有更深入的认识（战秀梅等，2007）。合理施肥对作物生长、提高产量、环境保护均会带来积极效应。如果不重视过量施肥带来的环境威胁，将造成灾难性的后果（Anonym，2003）。目前，我国在肥料配施、种植密度、环境因素、种植方式等方面对于玉米干物质积累、产量、品质等方面（崔超等，2013；柯福来等，2010；王玲敏等，2012）有较多的研究。

山西省晋中市是山西省的粮食主产区之一，也是山西省的商品粮基地之一。当前，山西省工矿区土地复垦面积逐年增大，已经成为解决矿区人地矛盾、合理利用土地资源的重要补充。因此本研究选择复垦区和熟土区土壤进行玉米大田试验，研究煤基复混肥及其与菌肥配施对玉米各个生育期的地上部分生长发育、干物质积累、穗部性状特征等的变化过程和玉米产量及其品质的变化，旨在为复垦区土壤如何合理施肥、提高产量、获得较高经济效益提供科学依据，并为煤基复混肥合理施肥量、不同耕作区的施肥方式、煤基复混肥配方因子调整等方面提供科学依据。

6.1 试验设计与分析项目

6.1.1 样品采集

试验地点和试验设计同第二部分。

植株样品采集:玉米生长的苗期、拔节期、抽雄期、灌浆期和成熟期的5个时期,在每个小区选取10株玉米用于作物生物量测定。

籽粒样品采集:将成熟期各小区选取的10株植株样品带回实验室,进行考种。

6.1.2 样品测定

(1)株高测定。玉米生长的苗期、拔节期、抽雄期、灌浆期和成熟期的5个时期,在各个小区选取有代表性的10株玉米,用钢卷尺测定株高。

(2)干物质积累。在玉米的成熟期,在各个试验小区分别采集10株地上部分,现场称取植株鲜重,然后将植株样品带回实验室,经105℃杀青30 min后,在70℃条件下烘干48 h,然后称取其干重。

(3)玉米产量及其穗部性状。玉米成熟期进行全区收获测产,并在每个小区分别取10株样品,带回实验室进行考种,并对所有玉米样品穗部行列数、百粒重、穗粒数等指标进行计量。

(4)玉米籽粒品质测定。利用INFRATECTM 1241 ANALYZER(FOSS)测定玉米籽粒的淀粉、蛋白质和油脂三项指标。

6.2 煤基复混肥不同处理对复垦区玉米生长和产量品质的影响

6.2.1 煤基复混肥不同处理对复垦区玉米株高的影响

1. 单施煤基复混肥对复垦区玉米株高的影响

在复垦区单施复混肥可以显著提高玉米各个生育期的株高,随施肥量的增加株高也在显著提高。尤其是在拔节期到抽雄期,玉米株高的变化最快,抽雄期至灌浆期玉米株高的变化稍缓一些,但仍属于较快生长时期。苗期株高变化较慢,成熟期是株高变化最慢的阶段,这一阶段株高增长缓慢甚至低于灌浆期的株高。

玉米株高的变化趋势在不同施肥水平下,随玉米生育进程的推进,各个施肥处理均对玉米株高有较大影响(图 6-1)。在苗期,CK 处理的株高为 13.22 cm,N120、N210、N300 以及 N390 各个施肥水平的株高分别为 24.46 cm、25.07 cm、26.85 cm 和 23.35 cm,比 CK 的株高分别高 85.12%、90.25%、103.41%、77.24%,各施肥水平玉米株高与 CK 相比差异显著,但各个施肥水平的玉米株高并无显著差异($P<0.05$)。由此可见,在复垦区,由于土壤养分非常缺乏,不施肥会严重影响玉米的生长发育。施肥水平不同,玉米苗期的株高差异并不显著。

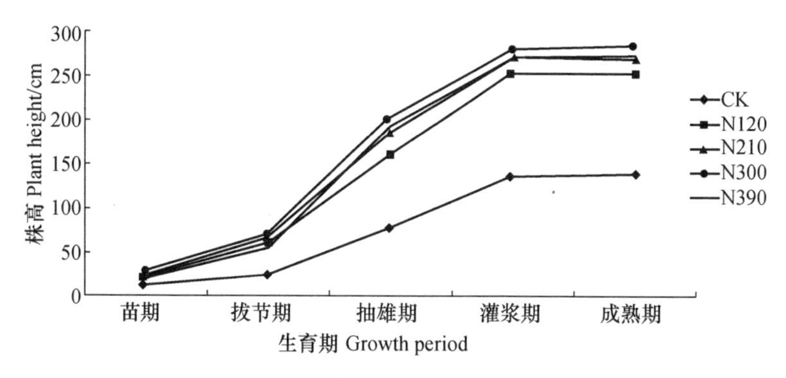

图 6-1 单施复混肥对复垦土壤玉米株高的影响

Fig. 6-1 Effects of compound fertilizer on the maize height of reclaimed soil

进入拔节期,玉米的株高较快地增长,N120、N210、N300、N390 各个施肥水平的株高比 CK 高 1.54 倍、1.81 倍、1.95 倍、1.18 倍,各施肥水平的株高与 CK 间差异显著,且 N300 处理比 N120、N210、N390 的株高分别高 16.22%、5.48%、35.17%。N300 处理株高与 N120、N390 间显著差异,与 N210 处理间差异不显著。在抽雄期,玉米快速生长,N120、N210、N300 以及 N390 各处理平均株高与 CK 间差异显著。且 N300 与 N120 处理间差异显著。灌浆期,各个施肥处理均与 CK 处理间差异显著。且 N300 与 N120 处理间差异显著,其余各处理间差异不显著。进入成熟期,各个施肥处理均与 CK 处理间差异显著,但各施肥水平株高间无显著差异($P<0.05$)。

2. 菌肥与煤基复混肥配施对复垦区玉米株高的影响

菌肥与复混肥配施对玉米株高的影响与单施复混肥处理基本相同(图 6-2)。在苗期,N120、N210、N300、N390 各施肥水平的株高与 CK 处理间差异显著($P<0.05$),但各施肥水平间差异不显著。在拔节期,N120、N210、N300、N390 各施肥水平的株高与 CK 处理间差异显著,且 N300 与 N120 和 N390 间差异显著,其余各处理间差异不显著。抽雄期,各个施肥处理与 CK 间差异显著,且 N120 与 N210、N300 和 N390 各处理间差异显著,其余各处理间差异不显著。灌浆期,各处理与 CK 间差异显著,但

各个施肥处理间无显著差异。成熟期株高间差异变化与灌浆期类似。

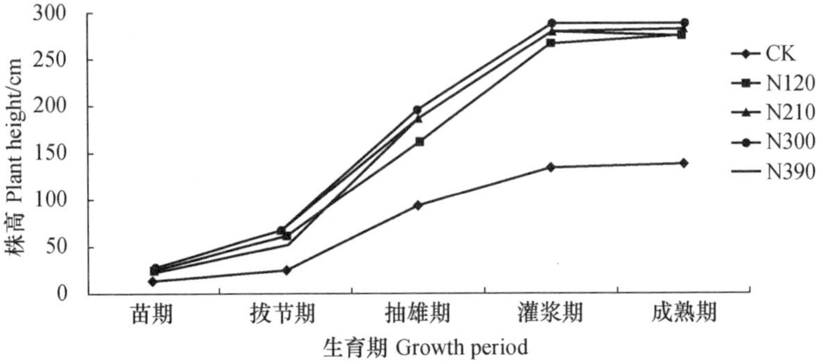

图 6-2　菌肥与复混肥配施对复垦土壤玉米株高的影响

Fig. 6-2　Effects of bacterial manure and compound fertilizercombined on the maize height of reclaimed soil

3. 基质与煤基复混肥配施对复垦区玉米株高的影响

基质与复混肥配施对玉米株高的影响与前两种施肥处理基本相同(图 6-3)。在苗期,N120、N210、N300、N390 各施肥水平的株高与 CK 处理间差异显著($P<0.05$),其余各处理间差异不显著。在拔节期,N120、N210、N300、N390 各施肥水平的株高与 CK 处理间差异显著,且 N300 与 N120、N390 间差异显著,其余各处理间差异不显著。抽雄期,各个施肥处理与 CK 间差异显著,且 N210、N300、N390 各施肥水平均与 N120 施肥水平的株高有显著差异。灌浆期和成熟期,各施肥处理均与 CK 间差异显著,但各施肥处理间玉米株高变化类似于抽雄期。

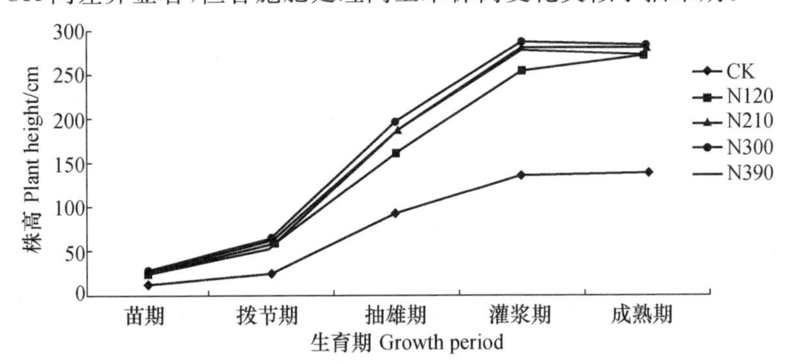

图 6-3　基质与复混肥配施对复垦土壤玉米株高的影响

Fig. 6-3　Effects of matrix and compound fertilizer combined on the maize height of reclaimed soil

6.2.2 煤基复混肥不同处理对复垦区玉米干物质积累的影响

干物质积累是玉米经济产量形成的基础。在一定程度上，干物质积累量与产量之间呈正相关关系，即干物质积累越多，玉米经济产量也越高(韩金玲等，2008)。干物质是作物生长过程中进行物质积累的结果，是作物在各个生育期的质量(重量)上的表现。且作物生长过程中所表现出的形态学方面的差异，会在干物质量上有所体现(董钻，2000)。

玉米地上部分干物质积累因不同施肥水平有较大差异(表 6-1)。总的来看，同一施肥类型、不同施肥水平条件下，随施入肥料水平的增加，玉米干物质积累呈现较为明显的增加趋势。

表 6-1 煤基复混肥不同处理对复垦土壤玉米干物质量的影响

Tab. 6-1 Effects of different fertilizers on dry weight of maize of reclaimed soil

施肥类型 Type of fertilizer	施肥水平 Fertilizer level /(kg/hm²)	产量 Yield /(kg/hm²)	收获指数 Harvest index /%	每株干物质重 Dry weight /(g/株)
单施复混肥 Compound fertilizer	N120	4 267.49cA	44.44aA	160.14 dB
	N210	4 918.09bB	44.31aB	184.96cB
	N300	5 391.15aB	45.34aA	198.37bB
	N390	5 365.54aC	42.24bB	211.73aA
	N0	1 460.25dA	37.21cA	65.41eA
菌肥＋复混肥 Compound fertilizer and bacterial manure	N120	4 528.74cA	43.74bA	173.33cA
	N210	5 360.46bA	44.77bB	199.53bA
	N300	5 957.52aA	46.12aA	213.78aA
	N390	5 838.88aA	44.60bA	218.24aA
	N0	1 460.25dA	37.21cA	65.41dA
基质＋复混肥 Compound fertilizer and matrix	N120	4 398.42cA	42.60bA	172.06cA
	N210	5 175.28bAB	47.11aA	186.85bB
	N300	5 695.73aAB	44.38bA	213.90aA
	N390	5 562.52aB	42.50bB	218.12aA
	N0	1 460.25dA	37.21cA	65.41dA

单施复混肥时，各施肥水平干物质积累量 CK 处理高 1.45～2.23 倍，且各个施肥水平干物质积累量与 CK 间差异显著，在 N390 施肥水平干物质量积累量达

到最高，为 211.73 g/株。

菌肥与复混肥配施时，各施肥水平干物质积累量 CK 处理高 1.64～2.34 倍，且各个施肥水平的干物质积累量与 CK 间差异显著（$P<0.05$）。在 N390 施肥水平干物质量积累量达到最高，为 218.24 g/株。

在基质与复混肥配施时，N120、N210、N300、N390 各施肥水平的干物质积累分别比 CK 处理高 1.63～2.33 倍。在 N390 施肥水平干物质量积累量达到最高，为 218.12 g/株。

综上可知，菌肥＋复混肥可显著促进玉米植株生长，这可能与菌肥施入后微生物活性增强，并改善了玉米生存的土壤微环境有关。

6.2.3 煤基复混肥不同处理对复垦区玉米产量及穗部性状的影响

1. 煤基复混肥不同处理对复垦区玉米产量的影响

玉米的籽粒产量受到玉米穗数、穗粒数和穗粒重等因素影响。由于种植密度、种植地域、气候等差异导致即使是同一品种，对玉米产量构成因素的贡献相对大小也不一致（赵燕，2010；Donald N，2005；姚晓旭等，2009）。

单施复混肥玉米产量随施肥量的增加，呈现先增加后减少的趋势（表 6-1）。CK、N120、N210、N300、N390 各施肥水平的平均产量分别为 1 460.25 kg/hm^2、4 267.49 kg/hm^2、4 918.09 kg/hm^2、5 391.15 kg/hm^2、5 365.54 kg/hm^2。N120、N210、N300、N390 各施肥水平的产量比 CK 高 1.92～2.69 倍，达到显著差异（$P<0.05$）。其中玉米产量在 N300 施肥水平达到最高，为 5 391.15 kg/hm^2。

菌肥与复混肥配施玉米产量的变化趋势类似于单施复混肥。N120、N210、N300、N390 各施肥水平的平均产量分别为 4 528.74 kg/hm^2、5 360.46 kg/hm^2、5 957.52 kg/hm^2、5 838.88 kg/hm^2。N120、N210、N300、N390 各施肥水平的产量比 CK 多 2.10～3.07 倍，且均与 CK 间有显著差异。玉米产量在 N300 施肥水平达到最高，为 5 957.52 kg/hm^2。

基质与复混肥配施，各施肥水平的产量比 CK 高 2.01～2.90 倍，且均与 CK 达到显著差异（$P<0.05$）。其中玉米产量在 N300 施肥水平达到最高，为 5 695.73 kg/hm^2。

通过不同施肥类型、同一施肥水平进行产量比较，可以看出在 N120 施肥水平，三种施肥类型间产量无显著差异。在 N210、N300、N390 施肥水平，菌肥与复混肥配施玉米产量显著高于单施复混肥；菌肥与复混肥配施玉米产量虽比基质与复混肥配施高，但二者在 N120、N210 和 N300 施肥水平玉米产量并未有显著差异，而在 N390 施肥水平玉米产量有显著差别。

进一步分析玉米产量和收获指数可知（表 6-1），在复垦区，随施肥水平增加，玉米产量呈增加趋势；至N300施肥水平，玉米产量达到最高水平，继续增加施肥量(N390施肥)玉米产量会有所降低。且在N390施肥水平，收获指数明显下降，说明在N390施肥水平，施肥更多用于茎秆的干物质积累，对籽粒的贡献显著降低。旱地有机培肥可以有效增加玉米产量(王晓娟,2009)但施肥量过高会导致减产(王爽等,2013;王春虎等,2009)。

2. 煤基复混肥不同处理对复垦区玉米穗部性状的影响

玉米穗部性状统计显示，穗粒数随施肥水平的增加，具有逐渐增大的趋势。在单施复混肥时，N120、N210、N300、N390各个施肥处理分别比CK的穗粒数高65.98%、68.30%、69.25%、65.41%，且各施肥处理穗粒数与CK间有显著差异。百粒重随施肥水平增加有增大趋势，且各施肥处理百粒重与CK间有显著差异。穗粒重随施肥量增加有增大趋势(表6-2)。N120、N210、N300、N390各个施肥处理分别比CK的穗粒重高80.14%、83.83%、93.15%、82.24%，且各施肥处理穗粒重与CK间有显著差异。菌肥与复混肥配施时，各施肥水平穗粒数比CK高67.53%～69.12%，且均与CK有显著差异，但各施肥处理间无显著差异。各施肥水平百粒重比CK高8.34%～19.08%，且均与CK有显著差异；在N300施肥水平百粒重达到最大，为25.98 g。不同施肥水平穗粒重与CK间有显著差异，N300施肥水平穗粒重达到最大，为145.89 g。与其他处理间有显著差异。基质与复混肥配施，各施肥处理的穗粒数比CK高65.54%～68.50%，均与CK有显著差异，在N300施肥水平达到最大，为539.87个，与N210施肥水平无显著差异；各施肥水平百粒重比CK高8.82%～14.89%，且与CK间有显著差异。煤基复混肥不同处理穗粒重与CK间有显著差异，在N300施肥水平达到最大，为140.25 g，且与其他处理之间有显著差异($P<0.05$)。

表6-2　煤基复混肥不同处理对复垦土壤玉米产量及穗部性状的影响

Tab. 6-2　Effects of different fertilizers on maize yield and spike character of reclaimed soil

施肥类型 Type of fertilizer	施肥水平 Level /(kg/hm^2)	产量 Yield /(kg/hm^2)	穗粒数 Number of spike/个	百粒重 100-grain weight/g	穗粒重 Grains per panicle/g
单施复混肥 Compound fertilizer	N120	4 267.49cA	530.89bB	24.58bA	130.48bA
	N210	4 918.09bB	538.28aA	24.74bA	133.15bA
	N300	5 391.15aB	542.29aA	25.82aB	139.91aB
	N390	5 365.54aC	529.99bA	24.91bA	131.99bA
	N0	1 460.25dA	320.40cA	22.61cA	72.43cA

续表 6-2

施肥类型 Type of fertilizer	施肥水平 Level /(kg/hm²)	产量 Yield /(kg/hm²)	穗粒数 Number of spike/个	百粒重 100-grain weight/g	穗粒重 Grains per panicle/g
菌肥＋复混肥 Compound fertilizer and bacterial manure	N120	4 528.74cA	536.78aA	24.49bA	131.48bA
	N210	5 360.46bA	538.65aA	24.87bA	133.96bA
	N300	5 957.52aA	541.85aA	26.92aA	145.89aA
	N390	5 838.88aA	529.29bA	24.94bA	131.81bA
	N0	1 460.25dA	320.40cA	22.61cA	72.43cA
基质＋复混肥 Compound fertilizer and matrix	N120	4 398.42cA	535.64abA	24.61bA	131.81bA
	N210	5 175.28bAB	534.36abB	25.32abA	135.29bA
	N300	5 695.73aAB	539.87aA	25.98aB	140.25aB
	N390	5 562.52aB	530.41bA	24.63bA	130.65bA
	N0	1 460.25dA	320.40cA	22.61cA	72.43cA

6.2.4 煤基复混肥不同处理对复垦区玉米籽粒品质的影响

1. 煤基复混肥不同处理对复垦区玉米油脂含量的影响

煤基复混肥不同处理对复垦区玉米籽粒品质影响较明显(图 6-4)。单施复混肥时,玉米油脂含量随施肥量增加而增加,N120、N210、N300、N390 各个施肥水平的玉米油脂含量分别比不施肥(CK)高 2.43%、10.19%、10.74%、12.96%;且各施肥水平玉米油脂含量均有提高作用,但 N120 施肥水平与 CK 间无显著差异($P<0.05$)。N210、N300、N390 各施肥水平间无显著差异,但均与 CK 间有显著差异。菌肥与复混肥配施时,玉米油脂含量随施肥量增加而增加,至 N300 施肥水平玉米油脂含量达到最高水平,为 3.25%。N390 施肥水平,玉米油脂含量有所降低,为 3.20%。基质和复混肥配施对玉米油脂含量的影响类似于菌肥与复混肥配施。

不同施肥类型、同一施肥水平比较可知,在单施复混肥时,N390 施肥水平玉米油脂含量和菌肥与复混肥配施、基质与复混肥配施同一施肥水平相比有显著差异。其他各施肥水平间均无显著差异。研究表明(王洋,2006),施肥可以提高玉米籽粒的含油量。但施肥量超过某一水平后,玉米油脂含量会下降。因施肥水平和施肥类型不同玉米油脂含量做出不同的响应,这与本研究的结论有相近之处。

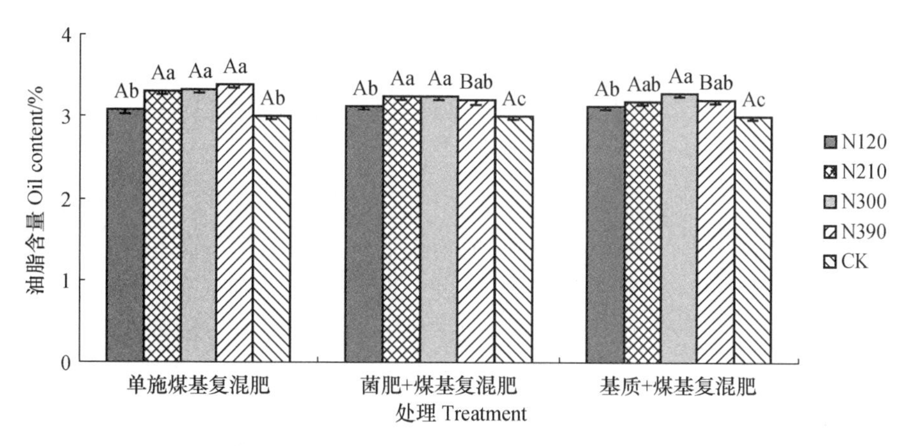

图 6-4 煤基复混肥不同处理对复垦土壤玉米油脂含量变化的影响

Fig. 6-4 Effects of different fertilizers on changes of oil content of corn of reclaimed soil

2. 煤基复混肥不同处理对复垦区玉米淀粉含量的影响

单施煤基复混肥时，玉米淀粉含量随施肥量增加而逐渐减少，各个施肥水平的玉米淀粉含量均低于 CK 处理，且在 N390 施肥水平玉米籽粒淀粉含量降至 71.33%。菌肥与复混肥配施时，在 N120 和 N300 施肥水平，玉米淀粉含量高于 CK，而在 N210 和 N390 这两个施肥水平上，玉米籽粒淀粉含量低于 CK，且 N120 施肥水平玉米籽粒淀粉含量最高，为 73.58%。基质与复混肥配施时，在 N120 施肥水平淀粉含量最高，为 73.21%，且与其他处理间有显著差异。N210、N300 和 N390 各施肥水平淀粉含量均低于 CK。

不同施肥类型、同一施肥水平比较可知，在单施复混肥时，N120 和 N300 施肥水平淀粉含量低于菌肥与复混肥配施，N210 施肥水平玉米淀粉含量和菌肥与复混肥配施相比无显著差异(图 6-5)。

3. 煤基复混肥不同处理对复垦区玉米蛋白质含量的影响

玉米籽粒粗蛋白含量主要由基因型决定，但施肥等措施可调节蛋白质含量(李金洪和李伯航，1995；李明等，2004)。

玉米籽粒蛋白质含量因煤基复混肥不同处理有一定差异。总体来看，籽粒蛋白质含量均随施肥量增加而呈现增加趋势，且各施肥处理均与 CK 间有显著差异。单施复混肥时，N390 施肥水平玉米籽粒蛋白质含量达到最大，为 10.45%，且与 N300 和 N210 施肥水平无显著差异；菌肥与复混肥配施时，同样在 N390 施肥水平达到最大，为 10.41%，且 N210、N300、N390 各施肥水平间无显著差异($P <$ 0.05)。基质与复混肥配施时，籽粒蛋白质含量变化类似于菌肥与复混肥配施。

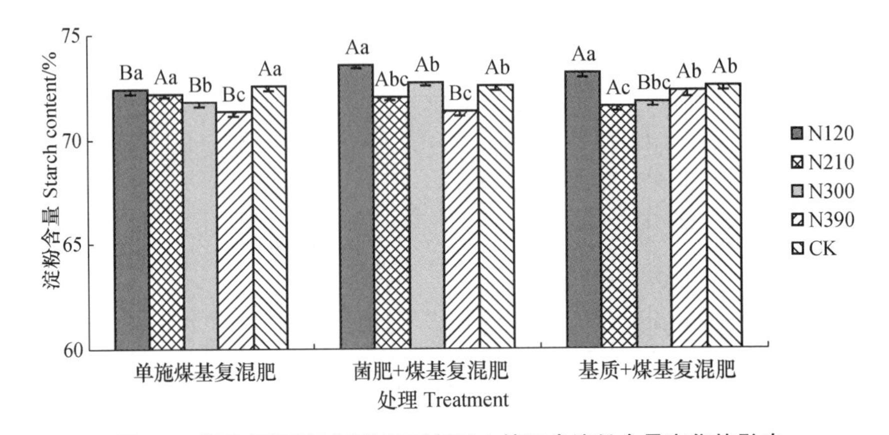

图 6-5 煤基复混肥不同处理对复垦土壤玉米淀粉含量变化的影响

Fig. 6-5 Effects of different fertilizers on changes of corn starch of reclaimed soil

不同施肥类型、同一施肥水平比较可知，在单施复混肥时，N120 施肥水平蛋白质含量显著高于菌肥与复混肥配施或基质与复混肥配施，其他施肥水平间均无显著差异。王春虎等(2009)在华北平原通过不同施肥水平研究了玉米品质的变化，发现施氮量增加，蛋白质含量也在增加，但过高的施氮量反而会造成蛋白质含量下降，本研究在不同施肥类型条件下，玉米籽粒蛋白质含量同样具有随着施肥水平的增加而有上升趋势，但并未出现明显的下降拐点，这可能与施肥类型及玉米品种不同有关(图 6-6)。

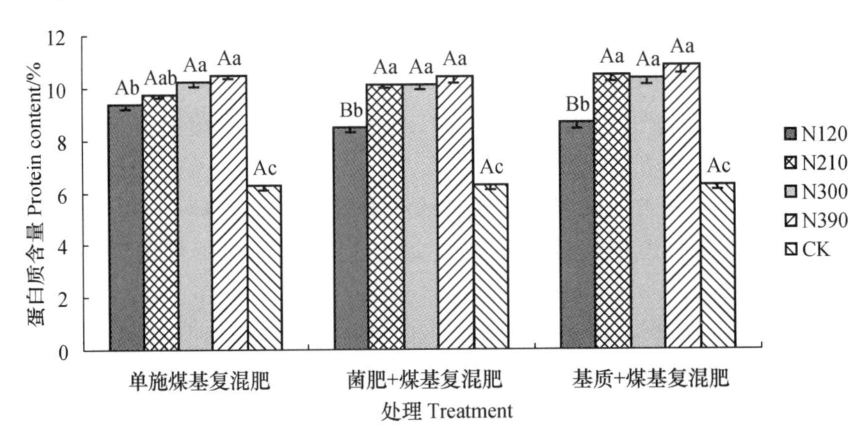

图 6-6 煤基复混肥不同处理对复垦土壤玉米蛋白质含量变化的影响

Fig. 6-6 Effects of different fertilizers on changes of protein content of corn of reclaimed soil

6.3 煤基复混肥不同处理对熟土区玉米生长和产量品质的影响

6.3.1 煤基复混肥不同处理对熟土区玉米株高的影响

1. 单施复混肥对熟土区玉米株高的影响

单施复混肥可以显著提高玉米各个生育期的株高，在拔节期、抽雄期和灌浆期，玉米株高增长较快，苗期株高变化相对较小。

玉米株高的变化趋势在不同施肥水平下，随玉米生育进程的推进，各个施肥处理均对玉米株高有明显影响（图 6-7）。在苗期，CK 处理的株高为 30.44 cm，N120、N210、N300 以及 N390 各个施肥水平的平均株高分别为 31.50 cm、32.96 cm、32.43 cm、31.77 cm，各施肥处理的株高与 CK 相比并无显著差异，且各施肥处理间玉米株高也无显著差异。

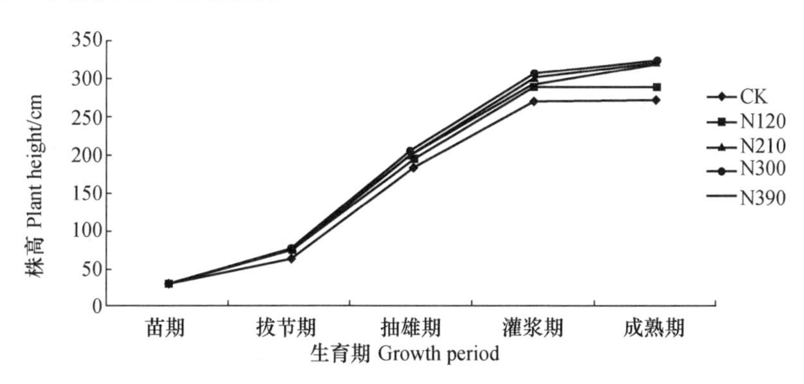

图 6-7 单施复混肥对熟土区玉米株高的影响

Fig. 6-7 Effects of compound fertilizer on the maize height of mellow soil

进入拔节期，玉米的株高较快地增长，N120、N210、N300、N390 各个施肥水平的株高与 CK 间差异显著，但各施肥水平间株高无差异显著。在抽雄期，玉米快速生长，N120 施肥水平玉米株高显著低于其他各施肥水平。灌浆期和成熟期玉米株高变化类似于抽雄期（$P<0.05$）。

2. 菌肥与复混肥配施对熟土区玉米株高的影响

菌肥＋复混肥各施肥处理玉米株高在苗期与 CK 间无显著差异（$P<0.05$）。拔节期各施肥处理玉米株高较 CK 高 11.36%～18.29%，各处理与 CK 的株高差异显著，但各处理间无显著差异（$P<0.05$）。抽雄期各施肥处理与 CK 差异显著，

但各施肥处理间无显著差异($P<0.05$)。在灌浆期,CK 与 N120 施肥水平玉米株高显著低于其他各施肥水平。成熟期各施肥处理对株高的影响与灌浆期类似(图 6-8)。

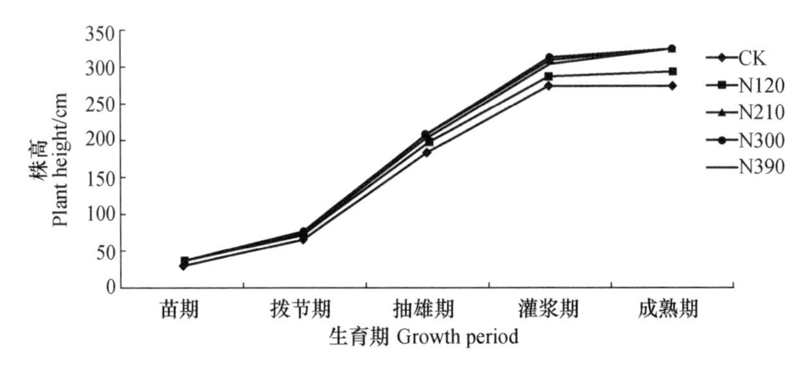

图 6-8 菌肥与复混肥配施对熟土区玉米株高的影响

Fig. 6-8 Effects of bacterial manure and compound fertilizer combined on the maize height of mellow soil

3. 基质与复混肥配施对熟土区玉米株高的影响

基质+复混肥各施肥水平在苗期玉米株高与 CK 间无显著差异($P<0.05$),且各施肥处理间无显著差异。拔节期和抽雄期,玉米株高各施肥处理与 CK 间有显著差异,但各施肥处理间无显著差异。灌浆期 N210、N300、N390 各施肥水平玉米株高显著高于 CK 和 N120 施肥水平,成熟期各施肥处理对株高的影响与灌浆期类似(图 6-9)。

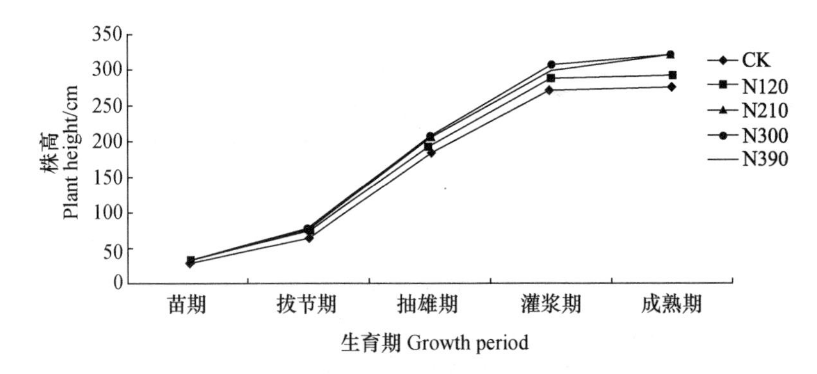

图 6-9 基质与复混肥配施对熟土区玉米株高的影响

Fig. 6-9 Effects of matrix and compound fertilizer combined on the maize height of mellow soil

6.3.2 煤基复混肥不同处理对熟土区玉米干物质积累的影响

各时期玉米干物质累积量，是玉米对生境的集中体现，同时也是玉米对底物的不同响应，因此分析玉米的干物质累积可对玉米产量形成有一定意义。

玉米地上部分干物质积累因不同施肥水平有较大差异(表 6-3)，总的来看，在同一类型的施肥处理下，随施入肥料水平的增加，玉米植株的干物质积累总体呈现先迅速增加，后逐渐持平甚至减少的趋势。

表 6-3 煤基复混肥不同处理对熟土区玉米干物质量的影响

Tab. 6-3 Effects of different fertilizers on dry weight of maize of mellow soil

施肥类型 Type of fertilizer	施肥水平 Nitrogen level /(kg/hm²)	产量 Yield /(kg/hm²)	收获指数 Harvest index /%	每株干物质重 Dry weight /(g/株)
单施复混肥 Compound fertilizer	N120	9 664.51bA	44.67bB	360.95cA
	N210	10 444.53aA	45.73abB	380.68aA
	N300	10 848.67aB	47.67aA	379.26aB
	N390	9 750.47bA	43.05bA	377.45aA
	N0	7 957.50dA	40.88cA	324.42dA
菌肥＋复混肥 Compound fertilizer and bacterial manure	N120	9 601.65cA	47.50aA	337.07cB
	N210	10 745.64bA	47.46aA	377.57bA
	N300	11 583.19aA	49.00aA	394.01aA
	N390	9 924.61cA	43.14bA	383.42bA
	N0	7 957.50dA	40.88cA	324.42dA
基质＋复混肥 Compound fertilizer and matrix	N120	9 580.03bA	48.01aA	332.61cB
	N210	10 776.69aA	48.58aA	369.77bB
	N300	11 256.42aA	47.91aA	391.59aA
	N390	9 815.46bA	42.92bA	381.12abA
	N0	7 957.50dA	40.88cA	324.42dA

单施复混肥时，各施肥处理干物质积累比 CK 高 11.16%～17.34%，各个施肥水平的干物质积累量与 CK 间差异显著($P<0.05$)。在 N210 施肥水平干物质积累量最高，为 380.68 g/株。与 N300 施肥水平的干物质积累非常接近。在

N390 施肥水平，干物质积累有所下降。菌肥与复混肥配施时，各施肥处理干物质积累比 CK 高 3.84%～21.44%，各个施肥水平的干物质积累量与 CK 间差异显著。在 N300 施肥水平干物质积累量最高，为 394.01 g/株。基质与复混肥配施时，各施肥处理干物质积累比 CK 高 2.51%～20.70%，各个施肥水平的干物质积累量与 CK 间差异显著（$P<0.05$）。在 N300 施肥水平干物质积累量最高，为 391.59 g/株。

6.3.3 煤基复混肥不同处理对熟土区玉米产量性状的影响

1. 煤基复混肥不同处理对熟土区玉米产量的影响

在东阳熟土区玉米产量随施肥量的增加呈现先增加后减少的趋势。单施复混肥时，玉米产量随施肥量的增加呈现先增加后减少的趋势（表 6-4）。CK、N120、N210、N300、N390 各施肥水平的平均产量分别为 7 957.50 kg/hm^2、9 664.51 kg/hm^2、10 444.53 kg/hm^2、10 848.67 kg/hm^2、9 750.47 kg/hm^2。N210 和 N300 两个施肥水平的平均产量无显著差异（$P<0.05$）。在单施复混肥时，N300 施肥水平玉米产量达到最高，为10 848.67 kg/hm^2，与 N210 施肥水平间无显著差异。

表 6-4 煤基复混肥不同处理对熟土区玉米产量及穗部性状的影响

Tab. 6-4 Effects of different fertilizers on maize yield and spike character of mellow soil

施肥类型 Type of fertilizer	施肥水平 Level /(kg/hm^2)	产量 Yield /(kg/hm^2)	穗粒数 Number of spike/个	百粒重 100-grain weight/g	穗粒重 Grains per panicle/g
单施复混肥 Compound fertilizer	N120	9 664.51bA	584.13cA	32.01abA	186.95bA
	N210	10 444.53aA	586.11cB	32.80aA	192.20aB
	N300	10 848.67aB	593.18bB	33.64aA	199.52aB
	N390	9 750.47bA	597.13aA	31.55bA	188.38bA
	N0	7 957.50dA	547.22 dA	26.39cA	144.39cA
菌肥+复混肥 Compound fertilizer and bacterial manure	N120	9 601.65cA	580.73cA	32.36bA	187.91bA
	N210	10 745.64bA	587.74cB	34.03aA	199.99aA
	N300	11 583.19aA	604.92aA	33.80aA	204.48aA
	N390	9 924.61cA	596.05bAB	31.43cA	187.34bA
	N0	7 957.50dA	547.22 dA	26.39dA	144.39cA

续表 6-4

施肥类型 Type of fertilizer	施肥水平 Level /(kg/hm²)	产量 Yield /(kg/hm²)	穗粒数 Number of spike/个	百粒重 100-grain weight/g	穗粒重 Grains per panicle/g
基质+复混肥 Compound fertilizer and matrix	N120	9 580.03bA	584.35bA	32.08bA	187.46bA
	N210	10 776.69aA	594.52aA	33.18aA	197.24aA
	N300	11 256.42aA	596.21aB	33.77aA	201.35aAB
	N390	9 815.46bA	592.07aB	32.14bA	190.31bA
	N0	7 957.50dA	547.22cA	26.39cA	144.39cA

菌肥与复混肥配施时，N120、N210、N300、N390 各施肥水平的平均产量分别比 CK 多 20.64%、35.03%、45.56%、24.72%，各施肥处理与 CK 产量间均达到显著差异($P<0.05$)。其中，N300 施肥水平产量达到最大，为 11 583.19 kg/hm²，且与其他各施肥水平有显著差异。

基质与复混肥配施时，N120、N210、N300、N390 各施肥水平的产量分别比 CK 多 20.39%、35.42%、41.45%、23.34%，各施肥处理与 CK 产量间均达到显著差异($P<0.05$)，N300 与 N210 施肥水平间无显著差异。

不同施肥类型、同一施肥水平间玉米产量比较可见，不施肥会导致玉米减产。据研究，在肥力较高的黑土区，若一年不施肥，尤其不施氮肥，会导致玉米产量下降显著(彭畅，2013)。随施肥水平增加，产量会随之增加，在 N300 施肥水平玉米产量达到最高，且菌肥与复混肥配施、基质与复混肥配施两种施肥类型与单施复混肥间的产量有显著差异，其他各施肥水平间均无显著差异。

2. 煤基复混肥不同处理对熟土区玉米穗部性状的影响

单施复混肥时，N120、N210、N300、N390 各个施肥水平分别比 CK 的穗粒数高 6.74%、7.11%、8.40%、9.12%，且各施肥水平穗粒数与 CK 间有显著差异。且 N120、N210、N300 施肥水平的穗粒数有显著差异。百粒重随施肥水平增加有增大趋势，N120、N210、N300，N390 各施肥水平百粒重分别比 CK 高 21.31%、24.29%、27.48%、19.56%，各施肥水平与 CK 间均有显著差异，但 N120、N210、N300 水平间的百粒重无显著差异。不同施肥水平对穗粒重有较大影响，穗粒重随施肥量的增加，有增大趋势。N120、N210、N300、N390 各个施肥水平穗粒重分别比 CK 的穗粒重高 29.47%、33.11%、38.18%、30.47%，各施肥水平穗粒数与 CK 间有显著差异($P<0.05$)。

菌肥与复混肥配施时，N120、N210、N300、N390 各个施肥水平分别比 CK 的穗粒数高6.12%、7.40%、10.54%、8.92%，均与CK间有显著差异，N300与其他各施肥水平间穗粒数有显著差异。百粒重随施肥水平增加有增大趋势，N120、N210、N300、N390各施肥水平百粒重分别比CK高22.64%、28.93%、28.09%、19.10%，各施肥水平与CK间均有显著差异，N300、N210间无显著差异且均与其他施肥水平间有显著差异。不同施肥水平对穗粒重有较大影响，穗粒重随施肥量的增加有增大趋势。N120、N210、N300、N390各个施肥水平分别比CK的穗粒重高30.14%、38.51%、41.61%、29.75%，各施肥水平穗粒重与CK间有显著差异。N300施肥水平与N210无显著差异($P<0.05$)。

基质与复混肥配施时，N120、N210、N300、N390各个施肥水平分别比CK的穗粒数高6.78%、8.64%、8.95%、8.19%，各施肥水平与CK间有显著差异，且N210、N300、N390各施肥水平间无显著差异。百粒重随施肥水平增加有增大趋势，N120、N210、N300、N390各施肥水平百粒重分别比CK高21.57%、25.71%、27.97%、21.78%，N210和N300施肥水平间无显著差异。穗粒重在N120、N210、N300、N390各个施肥水平分别比CK高29.82%、36.60%、39.44%、31.81%，各施肥水平穗粒重与CK间差异显著。N300、N210与施肥水平间无显著差异 ($P<0.05$)。

6.3.4 煤基复混肥不同处理对熟土区玉米籽粒品质的影响

1. 煤基复混肥不同处理对熟土区玉米油脂含量的影响

煤基复混肥不同处理对熟土区玉米油脂含量有一定影响(图6-10)。单施复混肥时，玉米油脂含量随施肥量增加而增加，且各施肥水平间无显著差异，但均与CK有显著差异。菌肥与复混肥配施时，N120、N210、N300和N390各施肥水平玉米油脂含量接近，各处理间无显著差异。基质与复混肥配施时玉米油脂含量在N390施肥水平达到最高，为3.75%，与其他各施肥处理有显著差异($P<0.05$)。

不同施肥类型、同一施肥水平比较可知，单施复混肥、菌肥与复混肥配施、基质与复混肥配，在同一施肥水平间相比均无显著差异。

2. 煤基复混肥不同处理对熟土区玉米淀粉含量的影响

煤基复混肥不同处理均可显著提高熟土区玉米淀粉含量。单施复混肥时，各个施肥水平玉米淀粉含量均高于CK处理(图6-11)。N120、N210、N390各个施肥水平间玉米淀粉含量无显著差异。菌肥与复混肥配施时，在N210处理玉米淀粉含量最高，为71.90%，各施肥水平间无显著差异，但均与CK间有显著差异。基质与复混肥配施，N300处理玉米淀粉含量最高，为71.83%，各施肥处理间以及与CK间无显著差异，但均与CK间有显著差异($P<0.05$)。

不同施肥类型、同一施肥水平比较可知，在单施复混肥时，N120和N210施肥

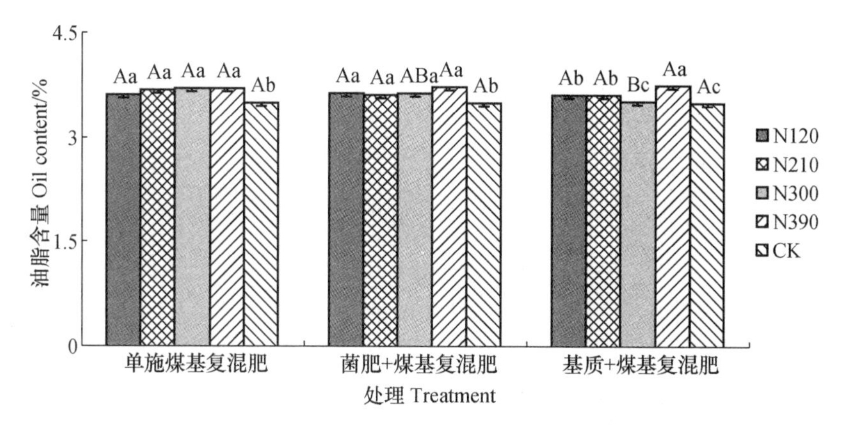

图 6-10 不同施肥水平对熟土区玉米油脂含量变化的影响

Fig. 6-10 Effects of different fertilizers on changes of oil content of corn of mellow soil

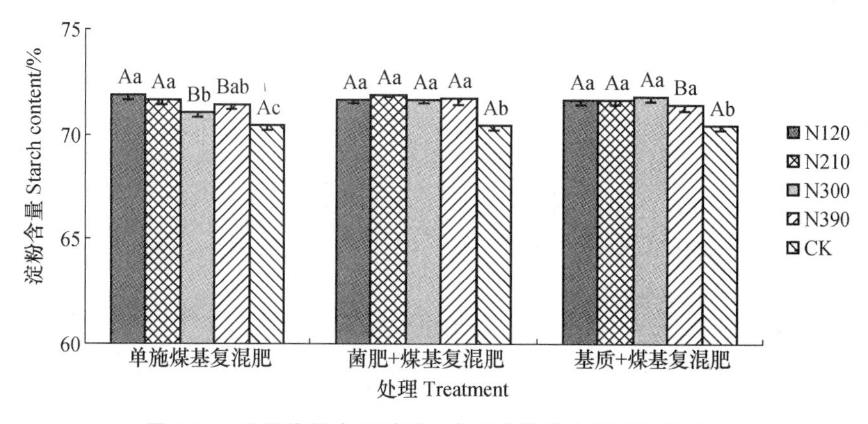

图 6-11 不同施肥水平对熟土区玉米淀粉含量变化的影响

Fig. 6-11 Effects of different fertilizers on changes of corn starch of mellow soil

水平淀粉含量和菌肥＋复混肥无显著差异，但 N300、N390 施肥水平玉米淀粉含量显著低于菌肥＋复混肥。

3. 煤基复混肥不同处理对熟土区玉米蛋白质含量的影响

煤基复混肥不同处理对玉米籽粒蛋白质含量有显著影响(图 6-12)。单施复混肥时，各施肥水平均与 CK 间有显著差异，但各施肥水平间蛋白质含量差异不显著，其中 N390 施肥水平玉米蛋白质含量最高，为 10.61％。菌肥与复混肥配施时，N120 施肥处理玉米蛋白质含量最高，为 10.56％，且与其他各处理间有显著差异。基质与复混肥配施时 N120 施肥处理玉米蛋白质含量最高，为 10.35％，与其他各施肥水平间及与 CK 间有显著差异。

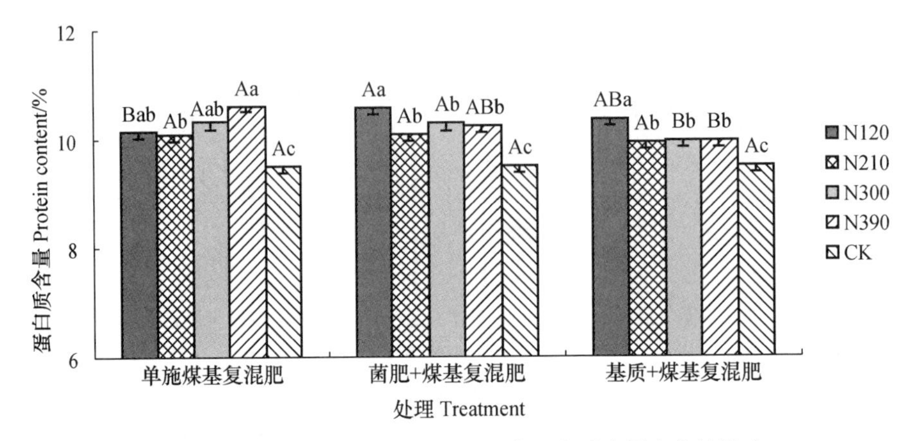

图 6-12 不同施肥水平对熟土区玉米蛋白质含量变化的影响

Fig. 6-12 Effects of different fertilizers on changes of protein content of corn of mellow soil

不同施肥类型、同一施肥水平比较可知，在单施复混肥时，N120 施肥水平蛋白质含量显著低于菌肥＋复混肥，其他施肥水平间均无显著差异。

黄绍文等(2004)在研究平衡施肥对优质玉米产量和品质影响研究中发现，N、P、K 配施较不施用氮肥或磷肥或钾肥可显著增加产量和改善品质。本研究施用煤基复混肥，对 N、P、K 元素及有机质施入量进行了综合考虑，对玉米籽粒品质有明显影响，这与黄绍文的研究有相似之处。

6.4 讨论

我国旱地占总耕地面积的 60%，无灌溉条件的旱作农田占总耕地面积的 49.1%(李巧珍，2010)。天然降水是旱作区农田可利用的主要水资源，80%以上的农作物生长靠 250～600 mm 的降水(李尚中，2010)。但降水形式以小雨或暴雨为主，这不仅不利于作物对水分的有效吸收，而且会造成大面积的水土流失(Li X Y，2002)，雨水的 70%～80%以径流及土壤无效蒸发形式损失，导致干旱频繁发生，作物生产潜力由于水分的限制衰减了 67%～75%，粮食产量低而不稳(任小龙，2010)。研究表明，由于不同地区气候变化模式在时间和空间上的异质性，气候变化对未来玉米生产的影响存在很大的地区差异和不确定性(王春春，2010)。

本试验通过对古交复垦区和东阳熟土区玉米各个不同生育期株高、干物质积累量、品质和产量等方面的试验研究，得出如下研究结果。

6.4.1 煤基复混肥不同处理对玉米株高和干物质积累的影响

玉米株高的变化反映了其营养生长、生殖生长和籽粒成熟三个主要阶段。在同一试验区，株高的变化因煤基复混肥不同处理有一定差异，这是由于玉米株高和干物质积累对于煤基复混肥不同处理及对养分吸收过程的不同而在玉米植株上的宏观体现，这一点与已有的研究结果基本一致（王进军等，2008；战秀梅等，2007）。

两个试验区的玉米株高和干物质积累相比，玉米株高“慢—快—慢”的生物学过程基本类似，但在株高和干物质积累量两方面具有显著差异。排除了玉米品种和施肥量等方面的影响因素，造成玉米株高和干物质积累方面显著差异的原因可能首先在于土壤本身性状的差异，由于古交复垦区土壤养分贫瘠，土壤结构性较差，导致土壤对于水肥的供应、气热的调控与作物的需求不相一致。另外，其他因子如积温、海拔等差异也可能是导致两个试验区株高和干物质积累方面明显差异的原因。这与高伟等的研究结果类似（高伟等，2008）。已有研究表明，适量施肥可以促进植株各部分氮素积累和产量提高，但施用氮肥过高会影响干物质转移，进而导致植株徒长，产量降低。本研究在 N120、N210 和 N300 施肥水平，干物质积累随施肥量增加呈增加趋势，超过 N300 施肥水平后，干物质积累放缓，产量下降。

6.4.2 煤基复混肥不同处理对玉米产量的影响

在低量（N120）、中量（210）、高量（N300）施肥水平下，随施肥量的增加，玉米产量也在增加，但增加的幅度在减少。适宜的施肥量可以促进籽粒的灌浆速度，提高籽粒重量，但施肥量不足或过量均会导致产量下降，在本研究中对照不施肥（N0）和超高量（N390）施肥水平下两个试验区均体现出减产趋势，这与现有的很多研究结论类似（王爽等，2013；王春虎等，2009）。高产田对我国粮食总产的贡献率为 54.1%，提高单产是保障我国粮食安全的基本技术途径（Liu J H et al.，2003）。高产田较一般生产田需要更高的投入，但在高产攻关和生产实践中，不计成本施用氮肥既不利于植株对氮素的吸收利用（吕鹏等，2011），也不利于经济效益的提高。结合本试验施肥量对干物质积累、产量的影响可知，煤基复混肥不同处理条件下，复垦区玉米产量与施肥量的关系为 N300＞N390＞N210＞N120＞N0，而在熟土区为 N300＞N210＞N390＞N120＞N0，均体现了超高施肥量对旱作区玉米产量提高没有促进作用，反而会增加生产成本、降低经济效益并给环境污染带来潜在威胁。在复垦区，三种施肥方式对于产量的影响有明显差异，尽管玉米产量在施肥量 N0 至 N300 施肥水平随着施肥量增加而增加，但在 N210、N300 和 N390 施肥水平，菌肥与复混肥配施较单施复混肥可显著提高玉米产量。说明在复垦区适当增加菌肥，可以改善或调节生土的微生物活动，进而促进作物对养分的吸收和产量提高。在熟土区，煤基复混肥与菌肥配施同样可以促进作物产量，但不同施肥类型、同一施肥水平间玉米产量并未达到差异显著水平。总的来说，在复垦区或熟土区，煤基复混肥与菌肥配施在N300施肥水平产量达到最高，且可作为当地玉米种植或施用煤基复混肥的推荐施肥量。当然，同一施肥量，因不同施肥方式、不同施肥时期及其追施比例会对玉米生长和产量有较大影响，由此得出适合当地的施肥方式和施肥量尚需进一步试验研究来确定。

6.4.3 煤基复混肥不同处理对玉米籽粒品质的影响

已有的结果表明，施氮能增加籽粒蛋白质含量(Genter C F，1956；李金洪，1995；Pearson C J，1987；Pan W L，1995)；但磷肥和钾肥施入对玉米籽粒蛋白质的含量增加有一定的争议(邹德乙，1997；李金洪，1995)。本试验表明，复垦区和熟土区玉米籽粒蛋白质、油脂含量因不同的施肥处理，呈现随施肥量的增加而增加趋势，但籽粒淀粉含量在不同的施肥种类和施肥量间有所波动。这一结论与已有的研究结果有一定差异(王春虎等，2009)。

6.5 小结

本试验通过煤基复混肥不同处理对复垦区和熟土区玉米各生育期株高、地上部分干物质积累、玉米产量及其构成、玉米籽粒品质等内容进行了研究，结果如下：

(1)煤基复混肥不同处理对于玉米株高和干物质积累的影响因施肥水平有一定差异。在苗期至灌浆期，玉米株高和干物质积累增长较快，成熟期玉米株高和干物质积累增长缓慢。古交复垦区的玉米株高和干物质积累在各个施肥水平间有显著差异，不施肥处理(CK)对玉米株高和干物质积累形成明显胁迫；与复垦区相比，熟土区玉米株高和干物质积累在各个施肥水平间的差异较小。

(2)随施肥水平增加，两个试验区玉米产量呈增加趋势，至N300施肥水平产量达到最高。其中古交复垦区单施复混肥、菌肥＋复混肥、基质＋复混肥在N300施肥水平玉米产量分别为5 391.15 kg/hm^2、5 957.52 kg/hm^2、5 695.73 kg/hm^2，不施肥(CK)处理玉米产量仅为1 460.25 kg/hm^2。不施肥处理对玉米产量形成有明显胁迫。菌肥与复混肥配施与单施复混肥相比可显著提高玉米产量。东阳熟土区单施复混肥、菌肥＋复混肥、基质＋复混肥在N300施肥水平玉米产量分别为10 848.67 kg/hm^2、11 583.19 kg/hm^2、11 256.42 kg/hm^2。菌肥与复混肥配施在N300施肥水平玉米产量显著高于单施复混肥，但与基质和复混肥配施相比无显著差异。

(3)玉米穗部性状因施肥水平不同有一定的差异。古交复垦区的玉米穗粒数、穗粒重和百粒重与东阳熟土区的玉米穗部性状相比,均显著低于东阳熟土区,这是导致两个试验区同一施肥水平、同一玉米品种,但产量差异显著的主要原因之一。

(4)煤基复混肥及其与菌肥配施对玉米籽粒品质有较大影响。复垦区籽粒的油脂含量随施肥量的增加而增加。单施复混肥籽粒油脂含量在 N390 施肥水平显著高于菌肥+复混肥或基质+复混肥。玉米籽粒淀粉含量则有随施肥量的增加有减少趋势。煤基复混肥及其与菌肥配施的籽粒淀粉含量均在 N120 施肥水平达到最大。在 N120、N300 施肥水平,菌肥+复混肥籽粒淀粉含量显著高于单施复混肥。不同施肥类型,籽粒蛋白质含量均在 N390 施肥水平达到最高,单施复混肥籽粒蛋白质含量在 N120 施肥水平显著高于菌肥+复混肥或基质+复混肥。

熟土区玉米籽粒油脂含量随施肥水平增加呈微弱增加趋势。三种施肥类型同一水平间籽粒油脂含量几乎无显著差异。熟土区籽粒淀粉含量在单施复混肥时,随施肥量增大,淀粉含量减少。菌肥+复混肥不同施肥水平间籽粒淀粉含量均无显著差异。熟土区玉米籽粒蛋白质含量在单施复混肥时随施肥量增加而增加;菌肥+复混肥和基质+复混肥两种施肥类型玉米籽粒蛋白质含量均在 N120 施肥水平达到最大,且与其他各施肥水平有显著差异。

7 煤基复混肥不同处理对作物水肥利用的影响

水分和养分是作物生长不可少的物质基础，也是限制旱地作物产量的主要因子（王晓娟等，2009）。作物的耗水量是指作物蒸腾量与土壤蒸发量之和，受到土壤营养条件、土壤物理性状、作物群体结构、气候条件等多种因素的综合影响（龚振平等，2009）。有研究表明，适量施肥及氮、磷、钾均衡施肥可以有效保持土壤水分，提高土壤贮水量，可以有效提高作物产量和水分利用效率（李良皓等，2009；张冬梅等，2012；邢倩等，2008；孟凯等，2005）。有机无机复合肥比单施秸秆肥和单施化肥能促进植株对养分的吸收、同化和转运，能显著促进植株生长发育，提高产量，改善产品品质（刘德平等，2014；刘学军等，2002；王宜伦等，2009）。

山西省位于黄土高原东部，旱地面积占总耕地面积的 79.4%，居北方旱区各省之首，是我国典型的北方旱地农业区（陈刚，2012）。资料表明，山西省旱地春玉米热量生产潜力为 13.4～20.0 t/hm^2，降水生产潜力为 6.1～10.8 t/hm^2，仅为热量生产潜力的 46%～54%，产量的获得明显受到天然降水量及其在年内分布的限制（信乃诠，2002）。研究表明，培肥地力和提高水分利用效率是提高旱地玉米产量的关键，而合理施肥、改善作物的营养状况是提高旱地作物水分利用的主要途径（李生秀，2004；周怀平，2003）。尤其是在干旱年份，玉米产量的提高更依赖于土壤水分及养分的协调供应（Deng X P，2006）。有机肥和化肥配施，不仅可以提高肥料的利用效率，而且可以改善土壤的物理结构，提高土壤保墒能力和增加植株的抗逆性（Nangia Vinay，2008）。施 N、P、K 化肥，以及 N、P、K 化肥与有机肥配合施用，均有利于提高玉米产量（孙文涛，2011；刘恩科，2004）。东北雨养旱地进行长达 30 年的土壤定位培肥试验研究表明（朱平，2009），有机无机肥配施有利于土壤有机质的积累，改善耕层土壤理化性状，稳定增加玉米产量。连年施用有机肥，可提高土壤有机质和各种养分含量，提高土壤供肥能力，增强保水性能，改善土壤结构（刘玉涛，2003）。关于不同肥料种类对提高旱地水分利用效率和产量的作用的研究也较多（王珍，2009；高亚军，2006）。

复垦区覆盖土层较薄，土壤养分含量低，土壤蓄存水分能力低下，水肥严重不足是制约复垦区恢复生产力的主要因素。相比之下，熟土区土壤熟化程度高。本试验在复垦区和熟土区分别进行，研究煤基复混肥及其与菌肥配施对作物水肥利用效率的影响。

7.1 试验设计与分析项目

7.1.1 样品采集与处理

试验地点和试验设计同第二部分。

1. 土壤容重及含水量测定

土壤含水量采用烘干法测定；土壤容重用环刀法测定。分别对 0～20 cm、20～40 cm、40～60 cm 土层进行采样。

2. 土壤贮水量与水分利用效率计算

(1)土壤贮水量。采用式(7-1)计算：

$$E = C \times \rho \times H \times 10 \tag{7-1}$$

式中：E 为贮水量，mm；C 为土壤水分质量分数，%；ρ 为土壤体积质量，g/cm^3；H 为土层深度，cm。其中，复垦区 ρ 的取值 0～20 cm、20～40 cm、40～60 cm 分别为 1.56 g/cm^3、1.73 g/cm^3、1.82 g/cm^3；熟土区 ρ 的取值 0～20 cm、20～40 cm、40～60 cm 分别为 1.25 g/cm^3、1.37 g/cm^3、1.52 g/cm^3。

由于两地地下水位较低，故地下水供给不做考虑。

(2)作物耗水量采用。采用式(7-2)计算

$$ET = P + \Delta W \tag{7-2}$$

式中：ET 为阶段耗水量，mm；P 为降水量，mm；ΔW 为计算时段内土壤贮水量的变化，mm。

(3)水分利用效率(WUE)。采用式(7-3)计算：

$$\mathrm{WUE} = Y/ET \tag{7-3}$$

式中：WUE 为作物水分利用效率，$kg/(mm \cdot hm^2)$；Y 为作物籽粒产量，kg/hm^2；ET 为耗水量，mm。

3. 植株养分测定

植株全氮、全磷和全钾测定分别在玉米成熟期将整株玉米分为籽粒和秸秆(包括茎秆、叶片、穗轴)测定，测定方法为浓 H_2SO_4-H_2O_2 法消煮，AA_3 连续流动分析仪测全氮和全磷；全钾测定采用火焰光度计法。

7.1.2 肥料利用率计算公式

1. 植株氮素吸收利用

茎秆氮吸收量(kg/hm^2)=茎秆重×茎秆氮含量；

籽粒氮吸收量(kg/hm^2)=籽粒重×籽粒氮含量；

地上部分氮吸收量(kg/hm^2)=茎秆氮吸收量+籽粒氮吸收量。

2. 氮素利用效率

氮肥表观利用率(NARE,%)=(施氮区植株氮吸收量－不施氮区植株氮吸收量)/施氮量×100%；

氮肥农学效率(NAE,kg/kg)=(施氮区产量－不施氮区产量)/施氮量；

氮收获指数(NHI,%)=(籽粒氮吸收量/地上部分氮吸收量)×100%；

氮肥利用率(NRE,%)=(施氮区地上部分植株总氮吸收量－不施氮区地上部分植株总氮吸收量)/施氮量×100%；

植株磷素和钾素吸收利用率计算方法类同于植株氮素吸收利用率。

7.2 试验区玉米生育期降水量分布特征

古交复垦区和东阳熟土区玉米生育期内降水量及各月降水分布情况有相似之处(图 7-1、图 7-2)。两个试验区玉米生育期降水总量分别为 347.6 mm(古交)、354 mm(东阳),属于平水年。降水量主要集中在 6～9 月份。从 5 月 4 日到 6 月 15 日属于出苗和玉米生长的苗期,降水量较少,分别为 46.2 mm(古交)、35.7 mm(东阳),且小于 5 mm 的无效降水(徐凤琴,2009)较多。从 6 月 16 日到 7 月 20 日属于玉米拔节-抽雄期,该期的降水量较多,分别为 143.7 mm(古交)、140.4 mm(东阳),能满足玉米生长所需水分,同时还能将多余降水贮存于土壤中,供后期玉米生长所需。从 7 月 21 日到 8 月 31 日,玉米生长进入吐丝-乳熟-蜡熟期,本阶段主要为生殖生长,对水分需求量也较多;同时也对水分的供应较为敏感,该期的降水总量分别为 66.7 mm(复垦区)、84.5 mm(熟土区),降水量偏少,但该阶段玉米叶片已覆盖地面,水分的散失主要以植株蒸腾为主,由于前期土壤蓄水可以利用,故对玉米籽粒形成基本没有受到严重的干旱胁迫。从 9 月 1 日到玉米收获期,该阶段玉米的耗水量相对减少,土壤贮水量和降水量(91.0 mm(复垦区)、93.4 mm(熟土区))基本能够满足玉米生长所需。

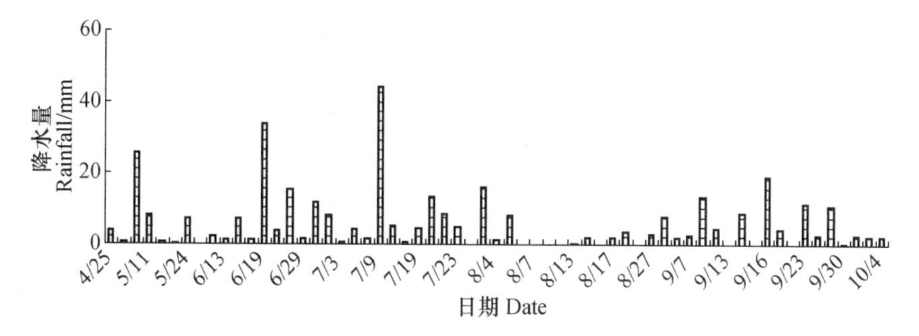

图 7-1 复垦区(古交)降水量年内(2014 年 4—10 月)分布

Fig. 7-1 Distribution of rainfall(in Gujiao) from April to October in reclaimed soil area in 2014

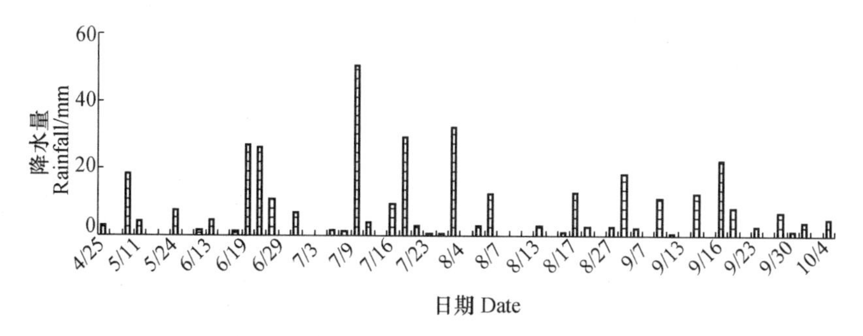

图 7-2 熟土区(东阳)降水量年内(2014 年 4—10 月)分布

Fig. 7-2 Distribution of rainfall(in Dongyang) from April to October in mellow soil area in 2014

7.3 煤基复混肥不同处理对土壤水分状况及水分利用效率的影响

由于复垦区土层厚度约为 60 cm,且 0～60 cm 土层为玉米根系主要分布区,为了便于比较,本研究的两试验区仅对 0～60 cm 土层水分状况进行分析。

7.3.1 煤基复混肥不同处理对复垦区土壤水分状况及水分利用效率的影响

1. 煤基复混肥不同处理对复垦区玉米各生育期 0～60 cm 土层贮水量的影响

玉米生长的不同生育期,因煤基复混肥不同处理,0～60 cm 土层土壤贮水量的变化规律不同(表 7-1)。

表 7-1 煤基复混肥不同处理对复垦区土壤贮水量(0～60 cm)的影响

Tab. 7-1 Effects of different fertilizers on soil water storage at different growth period of reclaimed soil

mm

施肥处理 Type	施肥水平 Level	播种期 Sowing	抽雄期 Heading	乳熟期 Milk	成熟期 Maturity
单施复混肥 Compound fertilizer	N120	92.22a	144.38b	79.92d	112.45b
	N210	93.35a	131.69c	96.50c	110.89b
	N300	93.95a	124.98d	107.45b	118.28a
	N390	93.94a	123.66d	112.52a	117.50a
	N0	92.74a	154.07a	81.55 d	117.62a
菌肥＋复混肥 Compound fertilizer and bacterial manure	N120	94.29a	143.56b	82.96c	111.00b
	N210	95.64a	140.35c	96.55b	116.21a
	N300	94.06a	133.04d	111.88a	118.46a
	N390	94.69a	125.64e	112.96a	117.82a
	N0	92.74a	154.07a	81.55c	117.62a
基质＋复混肥 Compound fertilizer and matrix	N120	92.86a	144.64b	84.53c	115.31a
	N210	92.61a	137.80c	97.92c	118.85a
	N300	95.02a	126.31d	101.52b	119.38a
	N390	93.39a	123.58e	107.76a	116.48a
	N0	92.74a	154.07a	81.55e	117.62a

播种期(5 月 5 日测定),不同施肥水平土壤含水量没有显著差异。这可能是由于肥料施入时间较短,尚未对土壤水分产生明显影响。

在玉米抽雄期(7 月 20 日测定),由于前期降水较多,土壤亏缺水分得以补充。各个施肥处理中,随施肥水平提高土壤贮水量均呈减少的趋势。各个处理的 N390 施肥水平的土壤贮水量最低;对照(CK)的贮水量最高,为 154.07 mm。各处理的不同施肥水平间土壤贮水量有显著差异。单施复混肥、菌肥＋煤基复混肥、基质＋煤基复混肥三种施肥处理的同一施肥水平间比较,土壤贮水量无显著差异。

在玉米乳熟期(8 月 30 日测定),因玉米生长消耗水分较大,加上取样前一段时间降水量较少,所以各处理的贮水量普遍偏低。单施复混肥、菌肥＋复混肥、基质＋复混肥三种施肥处理的各施肥水平间,随施肥水平的提高,土壤贮水量显著增加。在这一阶段，对照(CK)的贮水量最少，为 81.55 mm，比最高的菌肥+复混肥处理 N390 水平(112.96 mm)低 27.81%。

在玉米收获期(10 月 10 日测定)，各施肥类型及施肥水平间土壤贮水量变化幅度较小，为 110.89～119.38 mm，三种施肥处理的不同施肥水平之间无显著差异。

在玉米收获期，土壤水分的消耗主要是通过土壤蒸发，而施肥种类和施肥水平对土壤蓄水量的影响很小，故土壤贮水量变化幅度较小。

2. 煤基复混肥不同处理对复垦区玉米耗水量及水分利用效率的影响

(1)煤基复混肥不同处理对玉米各生育阶段耗水量的影响。由各处理耗水量动态变化看出，玉米播种到抽雄初期时间跨度较长(约 70 d)，耗水量最多(表 7-2)。同一施肥处理的各施肥水平间有显著差异，随施肥量的增加耗水量显著增加。对照区(CK)的耗水量最少，为 128.57 mm，比耗水量最多的单施煤基复混肥的 N390 施肥水平(160.17 mm)减少 19.73%。这可能与对照区玉米生长受限，蒸腾损失水分大大减少有关。

表 7-2 煤基复混肥不同处理对复垦区玉米耗水量(mm)及水分利用效率的影响

Tab. 7-2 Effects of different fertilizers on water consumption amount and utilization in different period

kg/(mm · hm²)

施肥处理 Type	施肥水平 Level	播种-抽雄 Sowing-heading	抽雄-乳熟 Heading-milk	乳熟-成熟 Milk-maturity	总耗水量 Total consumption	水分利用效率 MUE
单施复混肥 Compound fertilizer	N120	137.74c	131.15a	60.13c	329.03aA	12.98cA
	N210	151.55b	101.90b	77.57b	331.01aA	14.86bA
	N300	158.87a	84.22c	79.17b	322.27bA	16.73aB
	N390	160.17a	77.85d	86.02a	324.03bA	16.56aA
	N0	128.57d	129.21a	54.93d	312.72cA	4.67dA
菌肥+复混肥 Compound fertilizer and bacterial manure	N120	140.64d	127.30a	62.95c	330.88aA	13.69cA
	N210	145.19c	110.50b	71.34b	327.03aAB	16.39bA
	N300	152.93b	87.85c	84.42a	325.20aA	18.32aA
	N390	158.95a	79.38d	86.13a	324.47aA	18.00aA
	N0	128.57e	129.21a	54.93e	312.72cA	4.67dA

续表 7-2

施肥处理 Type	施肥水平 Level	播种-抽雄 Sowing-heading	抽雄-乳熟 Heading-milk	乳熟-成熟 Milk-maturity	总耗水量 Total consumption	水分利用效率 MUE
基质+复混肥 Compound fertilizer and matrix	N120	139.39c	130.81a	56.22c	326.41aA	13.47cA
	N210	146.05b	106.58b	73.06b	325.69aB	16.05bA
	N300	159.61a	91.49c	73.13b	324.23aA	17.57aAB
	N390	159.71a	80.52d	84.27a	322.83aA	17.23aA
	N0	128.57d	129.21a	54.93d	312.72bA	4.67dA

玉米抽雄-乳熟期，同一施肥处理中的不同施肥水平间耗水量有显著差异。不同处理的同一施肥水平间差异不显著。在同一肥料处理中随施肥水平的增加，耗水量显著减少。在这一阶段对照区(CK)玉米主要还进行营养生长，蒸腾和蒸发耗水均较多，所以耗水量较多。

相比其他玉米生长阶段，乳熟-成熟期土壤水分主要是土表蒸发损失引起，玉米植株蒸腾强度降低，所以阶段耗水量最少。在同一肥料类型、不同施肥水平，随施氮量的增加，土壤耗水量显著增加。现场观察到对照区(CK)玉米早衰严重，且大多没成穗，植株干枯死亡，所以和各施肥处理区玉米比较，对照区(CK)阶段耗水量最少(54.93 mm)。

不同施肥类型，随施肥水平提高，全生育期耗水量逐渐减少。总耗水量变化幅度为316.25～337.13 mm。对照区玉米总耗水量最少，为312.72 mm。

(2)煤基复混肥不同处理对玉米水分利用效率的影响。玉米水分利用效率由玉米生育期耗水量和籽粒产量来共同决定。各个施肥类型的不同施肥水平间的水分利用效率变化规律基本一致(表7-2)。N300水平WUE最高，N300和N390水平间均无显著差异，而与N210和N120水平有显著差异($P<0.05$)。

不同施肥类型的各个施肥水平间水分利用效率大小均体现为：N300>N390>N210>N120>CK。单施煤基复混肥中，N300、N390、N210、N120的平均水分利用效率分别比对照(CK)高270%、255%、228%、187%；菌肥+煤基复混肥中，N300、N390、N210、N120的平均水分利用效率分别比对照(CK)高305%、285%、255%、203%；基质+煤基复混肥中，N300、N390、N210、N120的平均水分利用效率分别比对照(CK)高288%、269%、241%、197%。

不同施肥类型、同一施肥水平间水分利用效率比较均无显著差异($P<0.05$)。三种施肥类型最高水分利用效率比较可知，菌肥+煤基复混肥[N300，18.32 kg/

$(mm \cdot hm^2)$]>基质+煤基复混肥[N300,17.57 kg/$(mm \cdot hm^2)$]>单施煤基复混肥(N300,16.73 kg/mm·hm^2),说明菌肥+煤基复混肥 N300 施肥水平在提高水分利用率方面的效果最好。

7.3.2 煤基复混肥不同处理对熟土区土壤水分状况及水分利用效率的影响

1. 煤基复混肥不同处理对熟土区玉米各生育期 0～60 cm 土层贮水量的影响

土壤贮水量的变化受大气降水、作物生长、土壤理化性状等因素的影响。在玉米生长的不同阶段,煤基复混肥不同处理 0～60 cm 土层土壤贮水量的变化规律不同(表 7-3)。

表 7-3 煤基复混肥不同处理对熟土区土壤贮水量(0～60 cm)的影响

Tab. 7-3 Effects of different fertilizers on soil water storage at different growth period of mellow soil

mm

施肥处理 Type of fertilizer	施肥水平 Level	播种期 Sowing	抽雄期 Heading	乳熟期 Milk	成熟期 Maturity
单施复混肥 Compound fertilizer	N120	95.80a	116.52b	79.52c	104.14b
	N210	95.18a	115.63b	80.62c	105.63b
	N300	96.50a	111.54c	91.87b	107.64a
	N390	95.52a	110.44c	95.13a	107.15a
	N0	95.78a	125.92a	81.14c	107.44a
菌肥+复混肥 Compound fertilizer and bacterial manure	N120	97.17a	116.40b	77.03c	103.60c
	N210	94.26a	115.48b	81.89b	105.62bc
	N300	96.61a	115.65b	89.80a	113.37a
	N390	95.25a	111.40c	91.82a	110.49a
	N0	95.78a	125.92a	81.14b	107.44b
基质+复混肥 Compound fertilizer and matrix	N120	94.58a	121.69b	83.26c	103.63c
	N210	96.42a	119.70bc	82.83c	103.51c
	N300	95.26a	118.86c	91.09b	110.86a
	N390	96.38a	117.91c	95.19a	111.16a
	N0	95.78a	125.92a	81.14c	107.44b

在播种期(5 月 6 日),各施肥处理不同施肥水平间的土壤贮水量没有显著差异。这与肥料施入时间较短尚未对土壤水分产生明显影响有关。

在玉米抽雄期(7 月 18 日),由于前期降水较多,补充了土壤贮水,所以和其他阶段相比,该阶段土壤贮水量较多。同一施肥类型、不同施肥水平间比较,土壤贮水量随施肥水平的提高呈减少趋势,三种施肥类型均为 N390 施肥水平的土壤贮水量最低,而对照(CK)的贮水量最高,为 125.92 mm。

在乳熟期(8 月 26 日),由于在取样前降水量较少,玉米生长消耗水分又较多,所以各处理的贮水量普遍偏低。单施煤基复混肥、菌肥+煤基复混肥、基质+煤基复混肥三种施肥类型中的各施肥水平间,随施肥量的增加,土壤贮水量有增加的趋势,这一现象与抽雄期(7 月 18 日测定)的土壤贮水量变化规律正好相反。在这一阶段,对照(CK)的贮水量最少,为 81.14 mm,比基质+煤基复混肥处理的 N390 水平(95.19 mm)低了 14.76%。

在收获期,菌肥+煤基复混肥各施肥水平之间贮水量差异显著($P<0.05$),变化为 N300>N390>CK>N210>N120。单施煤基复混肥和基质+煤基复混肥的两种施肥处理内的不同施肥水平间存在一定的差异,随施肥水平的提高土壤贮水量有增大的趋势。在玉米收获期,土壤水分的消耗主要是通过土壤蒸发,而施肥量的多少影响了土壤蓄水量,所以表现出来的土壤贮水量随施肥量的增加而略有增加的趋势。

2. 煤基复混肥不同处理对熟土区玉米耗水量及水分利用效率的影响

(1)煤基复混肥不同处理对玉米各生育阶段耗水量的影响。由玉米耗水量动态变化看出(表 7-4),从播种到抽雄初期时间跨度较长(约 70 d),阶段耗水量较多,不同施肥类型各个施肥水平间耗水量无显著差异,但均与对照区存在显著差异。各个施肥类型均较对照区(CK)的耗水量多,菌肥+煤基复混肥的 N300 水平的平均耗水最多,为 165.73 mm,比对照(CK)高 13.54%,耗水量最低的是基质+煤基复混肥的 N120 水平(148.99mm),也高出对照(CK)2.08%。

玉米抽雄-乳熟期,同一施肥类型、不同施肥水平玉米生长阶段耗水量存在差异。各个施肥类型内,随施肥水平的提高,耗水量的变化规律基本一致,随施肥量的增加,耗水量:CK>N120>N210>N300>N390。

相比其他玉米生长阶段,乳熟-成熟期土壤水分主要是用于土表蒸发损失,玉米植株蒸腾强度降低,所以阶段耗水量最少。

煤基复混肥不同处理对玉米全生育期耗水量有一定影响,同一施肥处理内,随施肥量的增加耗水量呈减少趋势(表 7-4)。对照区(CK)虽然在该玉米生长季没有施肥,但是前茬作物收获后残留部分养分供植物生长所需,生长也相对良好,所以总耗水量也较高，为342.34 mm，高于菌肥＋煤基复混肥的N390水平和基质＋煤基复混肥的N300、N390水平。

表7-4 煤基复混肥不同处理对熟土区玉米各生长阶段耗水量(mm)及水分利用效率

Tab. 7-4 Effects of different fertilizers on water consumption amount and utilization in different period kg/(mm·hm²)

施肥处理 Type	施肥水平 Level	耗水量 Consumption				水分利用效率 MUE
		播种-抽雄期 Sowing-heading	抽雄-乳熟期 Heading-milk	乳熟-成熟期 Milk-maturity	总和 Total	
单施复混肥 Compound fertilizer	N120	155.38a	121.50b	68.78c	345.66aA	27.96bA
	N210	155.65a	119.51b	68.40c	343.55aB	30.41aA
	N300	161.07a	104.17c	77.63b	342.86aA	31.64aB
	N390	164.34a	99.75c	81.44a	342.37aA	28.48bA
	N0	145.96b	129.28a	67.10 d	342.34aA	23.24cA
菌肥＋复混肥 Compound fertilizer and bacterial manure	N120	156.87a	123.87ab	72.16a	347.56aA	27.63cA
	N210	154.88a	118.09b	69.67bc	342.64abB	31.36abA
	N300	165.73a	109.02c	69.82bc	344.57aA	33.62aA
	N390	159.95a	104.08c	74.73a	338.76bA	29.30bA
	N0	145.96b	129.28a	67.10c	342.34abA	23.24cA
基质＋复混肥 Compound fertilizer and matrix	N120	148.99ab	122.93b	73.03b	344.94aA	27.77bA
	N210	152.82a	121.36b	72.72b	346.90aA	31.07aA
	N300	152.50a	112.27c	73.63b	338.40bB	33.29aA
	N390	154.58a	107.28c	77.37a	339.23abA	28.93bA
	N0	145.96b	129.28a	67.10c	342.34aA	23.24cA

(2)煤基复混肥不同处理对玉米水分利用效率的影响。不同的施肥处理对土壤环境产生不同影响，进而影响到玉米各个生育期的耗水量，最终影响产量的形成。土壤水分的变化可用水分利用效率(WUE)来衡量，而玉米水分利用效率由玉米生育期耗水量和籽粒产量来共同决定。

三种施肥类型中，随施肥水平提高，玉米水分利用效率变化规律基本一致(表7-4)。各施肥水平均与CK间有显著差异($P<0.05$)；水分利用效率均在N300施

肥水平达到最高，但与N210施肥水平间无显著差异；N120和N390水平间无显著差异。

三种施肥类型中，随施肥水平提高，水分利用效率的变化为：N300＞N210＞N390＞N120＞CK。单施煤基复混肥中，N300、N210、N390、N120水平水分利用效率分别比对照[CK23.24 kg/(mm·hm^2)]高36.15%、30.82%、22.54%、20.31%；菌肥＋煤基复混肥中，N300、N210、N390、N120水平水分利用效率分别比对照[CK23.24 kg/(mm·hm^2)]高44.65%、34.95%、26.06%、18.87%；基质＋煤基复混肥中，N300、N210、N390、N120分别较对照(CK)高43.13%、33.67%、24.50%、19.51%。

三种施肥类型中的最高水分利用效率比较：菌肥＋煤基复混肥[N300，33.62 kg/(mm·hm^2)]＞基质＋煤基复混肥[N300，33.29 kg/(mm·hm^2)]＞单施煤基复混肥[N300，31.64 kg/(mm·hm^2)]。

7.4 煤基复混肥不同处理对玉米氮、磷、钾积累量及利用效率的影响

7.4.1 煤基复混肥不同处理对复垦区玉米氮、磷、钾素积累的影响

1. 煤基复混肥不同处理对玉米氮素积累量及氮收获指数的影响

不同施肥类型、同一施肥水平，比较玉米地上部分总吸氮量可知(表7-5)，N120、N210、N300施肥水平间均有显著差异($P<0.05$)。随施肥水平提高，玉米全株吸收氮量呈增加趋势，N300水平全株吸氮量达最高，N300和N390水平间的差异不显著。秸秆吸收氮素和籽粒吸收量表现出和全株吸氮量相似的变化规律。施入煤基复混肥较不施肥(对照)全株吸收氮量显著增加，增加幅度为129.09%～258.02%。说明在复垦区初次种植情况下，施肥量越多，植株各部位吸收氮素也会越多。不同施肥类型、同一施肥水平的玉米地上部分总吸氮量间比较可知，菌肥＋煤基复混肥总吸氮量显著高于单施煤基复混肥($P<0.05$)。

各处理的氮收获指数变化范围为0.51～0.60。三种施肥类型的不同施肥水平间氮素收获指数没有明显的变化规律。三种施肥类型氮收获指数分别为：菌肥＋煤基复混肥(0.56)、单施煤基复混肥(0.53)、基质＋煤基复混肥(0.53)，分别高出CK(0.44)27.27%、20.45%、20.45%。说明各个施肥类型都有利于籽粒吸收更多氮素。

表 7-5 煤基复混肥不同处理对复垦区玉米氮、磷、钾吸收量的影响

Tab. 7-5 Effects of different fertilizers on N, P, K absorption amount of maize in mature period of reclaimed soil

kg/hm^2

施肥类型 Type	施肥水平 Level	籽粒吸收氮量 N in Grain	秸秆吸收氮量 N in stem	地上部分植株吸收氮量 N in grain and stem	氮收获指数 NHI	籽粒吸收磷量 P in Grain	秸秆吸磷量 P in stem	地上部分植株吸收磷量 P in grain and stem	磷收获指数 PHI	籽粒吸钾量 K in Grain	秸秆吸收钾量 K in stem	地上部分植株吸收钾量 K in grain and stem	钾收获指数 KHI
单施复混肥 Compound fertilizer	N120	47.90c	37.07c	84.97cB	0.56a	18.02c	18.93b	36.95bA	0.49a	5.29b	22.44b	27.73bA	0.19b
	N210	55.33b	46.36b	101.68bB	0.54ab	20.86b	19.86b	40.72bC	0.51a	6.02a	22.91b	28.93bB	0.21a
	N300	64.04a	58.76a	122.80aB	0.52b	22.59ab	23.86a	46.45aC	0.48ab	6.29a	26.59a	32.88aB	0.19b
	N390	62.73a	63.25a	124.98aB	0.51b	24.24a	26.38a	51.62aB	0.47b	6.69a	27.00a	33.68aB	0.19b
	N0	16.20d	20.89d	37.09dA	0.44c	7.88d	16.53c	24.41cA	0.32c	2.32c	17.14c	19.46cA	0.12c
菌肥+复混肥 Compound fertilizer and bacterial manure	N120	51.42b	38.18c	89.60cA	0.57a	20.53c	19.56c	40.09cA	0.51ab	6.59b	24.27c	30.86cA	0.21a
	N210	70.57a	51.39b	121.96bA	0.60a	26.22b	27.35b	53.57bA	0.49b	8.88a	29.82b	38.70bA	0.23a
	N300	70.72a	62.07a	132.79aA	0.53b	33.49a	30.24a	63.73aA	0.53a	9.59a	32.53a	42.13aA	0.21a
	N390	68.89a	62.58a	131.48aA	0.52b	33.50a	29.77a	64.27aA	0.53a	8.51a	32.66a	41.17aA	0.21a
	N0	16.20c	20.89d	37.09dA	0.44c	7.88d	16.53d	24.41d	0.32c	2.32	17.14d	19.46dA	0.12b
基质+复混肥 Compound fertilizer and matrix	N120	46.92b	40.46c	87.37cAB	0.54a	19.77c	18.99b	38.76cA	0.51a	6.24b	22.68c	28.92cA	0.22a
	N210	65.76a	52.59b	118.36bA	0.56a	23.16b	22.91a	46.07bB	0.50a	7.35a	28.28b	35.63bA	0.21a
	N300	64.53a	60.85a	125.38aAB	0.51b	25.95a	25.12a	51.07aB	0.51a	8.27a	34.59a	42.85aA	0.19b
	N390	66.48a	63.30a	129.78aAB	0.51b	27.76a	25.98a	53.73aB	0.52a	8.78a	34.61a	43.05aA	0.20ab
	N0	16.20c	20.89d	37.09A	0.44c	7.88d	16.53c	24.41dA	0.32b	2.32c	17.14d	19.46A	0.12c

2. 煤基复混肥不同处理对玉米磷素积累量及磷收获指数的影响

各种施肥类型中，随施肥水平的提高，籽粒吸磷量、秸秆吸磷量和地上植株总吸收磷量都是呈增加的趋势（表 7-5）。N390、N300 施肥水平间差异不显著，但是 N390、N300 水平与 N210、N120 水平以及 CK 间差异显著。

不同施肥类型、同一施肥水平间比较可知，除三种施肥类型的 N120 水平以外，其他水平间的地上植株总吸收磷量差异显著（$P<0.05$）。菌肥＋煤基复混肥处理的 N210、N300、N390 水平均和另外两种处理的对应施肥水平间存在显著差异，说明煤基复混肥与菌肥配施后促进了土壤中磷的分解转化，也促进了玉米植株对磷是吸收利用。

三种施肥类型中的各个施肥水平间磷收获指数变化幅度为 0.47～0.53。三种施肥类型中磷收获指数比较：菌肥＋煤基复混肥(0.52)＞基质＋煤基复混肥(0.51)＞单施煤基复混肥(0.49)＞CK(0.32)。说明菌肥既能促进植株对磷的吸收，同时也促进了植株体内磷向籽粒的转化。

3. 煤基复混肥不同处理对玉米钾素积累量及钾收获指数的影响

三种施肥处理中，籽粒吸收钾量、秸秆吸收钾和地上部分全植株吸收钾量随施肥水平的提高都呈现相似的变化规律（表 7-5）。随施肥水平的提高，玉米各部分吸收钾量呈增加的趋势。各施肥水平的地上部分全植株吸收钾量比较，N390 和 N300 水平间差异不显著，而 N390、N300 水平和 N120、N210 水平间有显著差异（$P<0.05$）。各施肥水平和 CK 间均有显著差异。

不同施肥类型、同一施肥水平间比较，三种施肥类型的 N120 水平间差异不显著，菌肥＋煤基复混肥处理和基质＋煤基复混肥处理对应的 N210、N300、N390 水平间比较差异不显著，而二者和单施煤基复混肥对应水平间存在显著差异。

分析得出，钾在籽粒产量形成后很少在籽粒中贮存，大部分贮存在秸秆中，所以各处理钾收获指数较小，且变化幅度也较小，为 0.19～0.23，各处理间差异没有明显的变化规律。

7.4.2 煤基复混肥不同处理对复垦区玉米氮、磷、钾肥利用效率的影响

1. 煤基复混肥不同处理对氮肥利用效率的影响

氮肥表观利用率(NARE，%)指单位施氮量相对于无氮区对玉米植株吸收氮素的影响（刘学军等，2002；田昌玉等，2010）。同一施肥类型、不同施肥水平间比较，氮肥表观利用率差异不显著（$P<0.05$）。不同施肥类型、同一施肥水平间比较，菌肥＋煤基复混肥和基质＋煤基复混肥处理的氮肥表观利用率较高，但二者同一水平间差异不显著。

氮肥农学效率(NAE,kg/kg)是指单位施氮量相对于无氮区所增加的作物籽粒产量(刘学军等,2002;田昌玉等,2010)。同一施肥类型、不同施肥水平间比较,氮肥农学效率均呈现出相似的变化规律,即随施肥水平的提高,氮肥农学效率显著减少。结合各个处理中籽粒产量的变化规律分析可以看出,随施氮量增加籽粒产量先增加后减少,而施氮量是在等幅度地增加,所以氮素农学效率会表现出先逐渐减少然后到 N390 水平时迅速减少的规律。不同施肥类型、同一水平间比较可知,菌肥+煤基复混肥的氮肥农学效率较高,单施煤基复混肥的氮肥农学效率较低。

氮肥利用率(NRE,%)是指施入的氮肥被当季作物吸收利用的百分率(刘学军等,2002;田昌玉等,2010)。同一施肥类型中的不同施肥水平间比较,氮肥利用率呈现出相似的变化规律,即随施肥水平的提高,氮肥利用率显著减少。不同处理的同一施肥水平比较,菌肥+煤基复混肥的各个水平的氮肥利用率均较高,其次是基质+煤基复混肥,二者和单施煤基复混肥的相应水平间均存在显著差异(除 N390 水平外)。

2. 煤基复混肥不同处理对磷肥利用效率的影响

同一施肥类型中,随施肥水平的提高,磷肥表观利用率(PARE,%)是先增加后略有减少(表 7-6)。不同处理的同一水平比较,菌肥+煤基复混肥处理的各水平均显著高于另外两种处理的对应施肥水平。

同一施肥类型中,随施肥水平的提高,磷肥农学效率(PAE,kg/kg)显著减少。不同处理的同一水平比较,菌肥+煤基复混肥处理和基质+煤基复混肥的对应水平间差异不显著,而和单施煤基复混肥间的差异显著。

单施煤基复混肥处理中,N120 水平的磷肥利用率(PRE,%)最高,和 N210、N300、N390 水平间差异显著,而 N210、N300、N390 水平间差异不显著。菌肥+煤基复混肥中,N210、N300 水平间差异不显著,但是 N210 和 N300 水平显著高于 N120 和 N390 水平。基质+煤基复混肥中,N120、N210、N300 水平间差异不显著,显著高于 N390 水平。不同处理的同一水平比较,菌肥+煤基复混肥处理显著高于基质+煤基复混肥的对应水平,而基质+煤基复混肥处理也显著高于单施煤基复混肥的各对应水平。

结合地上部分植株磷素吸收量、玉米产量变化规律和各种肥料对土壤微生物数量的影响,分析磷素利用效率各个指标的变化,说明复混肥中加入菌肥能显著提高磷肥的当季利用率,促进秸秆和籽粒对磷素的吸收利用,增加玉米产量。

3. 煤基复混肥不同处理对钾肥利用效率的影响

三种施肥类型的钾肥表观利用率(KARE,%)的变化情况见表 7-6。各个处理的 N390 水平的钾肥表观利用率最低。各个施肥类型的不同施肥水平间存在差异。不同处理的同一水平间比较,菌肥+煤基复混肥的钾肥表观利用率较高。

表 7-6 煤基复混肥不同处理对复垦区玉米氮、磷、钾素利用率的影响

Tab. 7-6 Effects of different fertilizers on N, P, K use efficiency of maize of reclaimed soil

施肥类型 Type	施肥水平 Level /(kg/hm^2)	氮肥表观利用率 NARE/%	氮肥农学效率 NAE /(kg/kg)	氮肥利用率 NRE /%	磷肥表观利用率 PARE /%	磷肥农学效率 PAE /(kg/kg)	磷肥利用率 PRE /%	钾肥表观利用率 KARE /%	钾肥农学效率 KAE /(kg/kg)	钾肥利用率 KRE /%
单施复混肥 Compound fertilizer	N120	10.99aB	23.39aB	37.40aB	3.78bB	46.34aA	20.12aC	7.75aB	42.63aA	12.10aB
	N210	12.13aB	16.47bA	30.76bB	5.53aB	38.63bB	17.14bC	4.99bB	31.92bB	9.20bC
	N300	12.62aA	13.10cB	28.57bB	5.70aB	31.95cB	17.25bC	5.80bC	25.11cB	8.24bcB
	N390	10.61aA	8.73dA	23.22cA	6.76aB	12.92dB	16.96bB	5.19bB	9.90dA	7.28cB
菌肥＋复混肥 Compound fertilizer and bacterial manure	N120	14.41aA	25.57aA	43.76aA	4.82cA	45.04aA	25.13bA	10.38aA	41.64aA	15.19aA
	N210	13.57aA	18.57bA	40.42aA	6.39bA	41.84bA	30.56aA	10.97aA	34.54bA	16.64aA
	N300	13.73aA	14.99cA	31.90bA	8.71aA	37.63cA	30.74aA	9.48aB	29.61cA	13.94aA
	N390	10.69bA	9.60dA	24.20cA	8.27aA	16.36dA	24.25bA	7.42bA	10.99dA	10.38bA
基质＋复混肥 Compound fertilizer and matrix	N120	14.30aA	24.48aAB	41.90aA	3.83cB	46.44aA	23.01aB	8.14bB	41.45aA	13.91aAB
	N210	15.10aA	17.69bA	38.70aA	6.65aA	42.29bA	22.75aB	9.62abA	34.83bA	13.97aB
	N300	13.32aA	14.12cA	29.43bAB	6.72aB	35.10cA	20.85abB	11.33aA	27.61cAB	14.37aA
	N390	10.87bA	9.24dA	23.77cA	5.87bB	12.69dB	18.27bB	8.84bA	11.34dA	11.29bA

各施肥类型中，随施肥水平的提高，钾肥农学效率（KAE，kg/kg）显著减少。不同处理的同一施肥水平间比较，菌肥＋煤基复混肥和基质＋煤基复混肥间差异不显著，而二者和单施煤基复混肥间存在显著差异。

三种施肥类型中，随施肥水平的提高，钾肥利用率（KRE，%）均呈现减少的趋势。不同处理的同一水平比较，菌肥＋煤基复混肥处理高于基质＋煤基复混肥的对应水平，而基质＋煤基复混肥处理显著高于单施煤基复混肥的各对应水平。

7.4.3 煤基复混肥不同处理对熟土区玉米氮、磷、钾素积累量的影响

玉米对氮、磷、钾的吸收量取决于玉米植株体养分含量和作物产量的高低。施用煤基复混肥相比不施肥处理的玉米籽粒和秸秆氮、磷、钾素含量均有显著提高，同时也增加了玉米产量。

1. 煤基复混肥不同处理对玉米氮素积累量及氮收获指数的影响

三种施肥类型中，不同施肥水平间，玉米地上部分总吸收氮量均表现出显著差异（$P<0.05$），随施肥水平提高玉米全株吸收氮量显著的先增加后减少，到N300水平时地上植株总吸收氮量达到最大，最高施肥水平的N390和N300水平相比，显著减少（表7-7）。秸秆吸收氮素和籽粒吸收量表现出和全株吸氮量相似的变化规律。各个施肥类型均较不施肥（对照）全株吸收氮量显著增加，增加幅度为15.05%～25.11%。不同施肥类型的同一施肥水平相比较，菌肥＋煤基复混肥的地上部分总吸收氮量最高。

各个施肥处理的氮收获指数变化范围为0.56～0.61。三种肥料的不同施氮水平间氮素收获指数没有明显的变化规律。三种施肥类型氮收获指数为，菌肥＋复混肥（0.60）＞单施复混肥（0.59）＞基质＋复混肥（0.58）＝CK（0.58）。说明菌肥＋复混肥处理更有利于籽粒吸收氮素。

2. 煤基复混肥不同处理对玉米磷素积累量及磷收获指数的影响

单施煤基复混肥中，随施肥水平的提高，地上植株吸磷量先增加后减少（表7-7）。各处理N300水平的地上植株吸磷量最高，和其他水平间均有显著差异。N390和N210水平间没有显著差异，但是N390和N210与N120间有显著差异。各个施肥处理均和CK间有显著差异（$P<0.05$）。

基质＋煤基复混肥中，随施肥水平的提高，籽粒吸磷量和地上植株总吸收磷量呈现先增加后减少的趋势，秸秆吸磷量随施肥水平的提高没有显著差异。

菌肥＋煤基复混肥中，地上部分植株吸收磷量、籽粒吸收磷量和秸秆吸收磷量随施肥水平的提高而呈现相似的变化规律，N390、N300、N210间差异不显著，但

表 7-7 煤基复混肥不同处理对熟土区玉米氮、磷、钾吸收量的影响

Tab. 7-7 Effects of different fertilizers on N,P,K absorption amount of maize in mature period of mellow soil kg/hm²

施肥类型 Type	施肥水平 Level	籽粒吸收氮量 N in Grain	秸秆吸收氮量 N in stem	地上部分植株吸收氮量 N in grain and stem	氮收获指数 NHI	籽粒吸收磷量 P in Grain	秸秆吸磷量 P in stem	地上部分植株吸收磷量 P in grain and stem	磷收获指数 PHI	籽粒吸钾量 K in Grain	秸秆吸收钾量 K in stem	地上部分植株吸收钾量 K in grain and stem	钾收获指数 KHI
单施复混肥 Compound fertilizer	N120	122.31c	84.55b	206.86cA	0.59a	37.04b	21.05b	58.09cB	0.64a	23.04c	126.27c	149.30cA	0.15a
	N210	128.52bc	89.21ab	217.73bB	0.59a	39.69b	22.23ab	61.91bB	0.64a	26.77b	134.16b	160.93bB	0.17a
	N300	138.03a	94.03a	232.06aA	0.59a	44.44a	23.56a	68.00aB	0.65a	28.57a	141.50a	170.08aB	0.17a
	N390	124.39c	91.03a	215.42bA	0.58a	40.75ab	23.92a	64.67bB	0.63a	26.78b	135.51b	162.29bB	0.16a
	N0	93.95d	67.75c	161.71dA	0.58a	25.89c	17.88c	43.77dA	0.59b	23.08d	116.87d	139.96dA	0.16a
菌肥+复混肥 Compound fertilizer and bacterial manure	N120	125.40c	85.99b	211.40cA	0.59ab	43.26b	22.99b	66.25bA	0.65a	25.98b	125.90c	151.88cA	0.17a
	N210	136.50b	92.17a	228.67bA	0.60a	47.82a	24.78a	72.61aA	0.66a	27.39ab	144.78b	172.16bA	0.16a
	N300	145.11a	91.93a	237.05aA	0.61a	47.34a	26.68a	74.02aA	0.64a	29.37a	152.60a	181.97aA	0.16a
	N390	127.57c	88.78ab	216.35cA	0.59ab	47.90a	25.39a	73.28aA	0.65a	28.16a	142.82b	170.98bA	0.16a
	N0	93.95d	67.75c	161.71dA	0.58b	25.89c	17.88c	43.77cA	0.59b	23.08c	116.87d	139.96dA	0.16a
基质+复混肥 Compound fertilizer and matrix	N120	121.27c	90.09b	211.36cA	0.57a	39.01b	23.87a	62.88bAB	0.62a	25.18b	124.50c	149.68cA	0.17a
	N210	126.58b	97.17a	223.74bAB	0.57a	44.14a	25.58a	69.73aA	0.63a	25.51b	143.78b	169.29bA	0.15a
	N300	138.63a	96.67a	235.29aA	0.59a	42.89a	25.56a	68.45aB	0.63a	28.66a	152.13a	180.79aA	0.16a
	N390	122.77c	86.87b	209.64cB	0.59a	38.39b	25.93a	64.32bB	0.60a	26.12b	141.98b	168.10bA	0.16a
	N0	93.95d	67.75c	161.71dA	0.58a	25.89c	17.88b	43.77cA	0.59b	23.08c	116.87d	139.96dA	0.16a

是这三个水平和 N120 以及 CK 间差异显著。

不同施肥类型的同一施肥水平间的地上总植株吸收磷量比较，菌肥＋复混肥和单施复混肥及基质＋复混肥间存在显著差异，而单施煤基复混肥和基质＋煤基复混肥处理的同一水平间差异不显著。说明复混肥中所加的解磷菌促进了土壤中磷的分解转化，也促进了玉米植株对磷是吸收利用。

三种处理的各个水平磷收获指数变化幅度为 0.60～0.66。三种施肥类型的磷收获指数为：菌肥＋煤基复混肥(0.65)＞单施煤基复混肥(0.64)＞基质＋煤基复混肥(0.62)＞CK(0.59)。说明菌肥既能促进植株对磷的吸收，同时也促进了植株体内磷向籽粒的转化。

3. 煤基复混肥不同处理对玉米钾素积累量及钾收获指数的影响

三种施肥类型中，秸秆吸收钾和地上部分全植株吸收钾量都呈现相似的变化规律，随施肥水平的提高，各部分吸收钾量先增加后减少，N300 的吸钾量最高(表 7-7)，且 N300 和其他各水平间有显著差异，N390 和 N210 间差异不显著，各个施肥处理和 CK 间有显著差异。

随施肥水平的提高，三种施肥类型中的籽粒吸收钾量的变化规律有差异，但 N300 水平籽粒吸钾量最高。

不同施肥类型的同一施肥水平间的地上总植株吸收钾量比较，菌肥＋复混肥和基质＋复混肥间存在差异不显著，二者与单施煤基复混肥在 N210 和 N300 施肥水平间存在显著差异。

分析得出，钾在籽粒产量形成后很少在籽粒中贮存，大部分贮存在秸秆中，所以各处理钾收获指数较小，且变化幅度也较小，为 0.15～0.17，各处理间差异不显著。

7.4.4 煤基复混肥不同处理对熟土区玉米氮、磷、钾素利用率的影响

1. 煤基复混肥不同处理对氮肥利用效率的影响

同一施肥类型、不同施肥水平间比较，随施肥水平的提高，氮肥表观利用率(NARE，%)逐渐减少，且各水平间差异显著($P<0.05$)(表 7-8)。煤基复混肥不同处理的同一施肥水平间比较，基质＋煤基复混肥处理的氮肥表观利用率较高，其次是菌肥＋煤基复混肥处理。

同一施肥类型、不同施肥水平比较，氮肥农学效率(NAE，kg/kg)均呈现出相似的变化规律，即随施肥水平的提高，氮肥农学效率不同程度地减少。结合各个处理中籽粒产量的变化规律分析出，随施肥水平的提高，籽粒产量先增加后减少，而

表 7-8 煤基复混肥不同处理对熟土区玉米氮、磷、钾素利用率的影响

Tab. 7-8 Effects of different fertilizers on N, P, K use efficiency of maize of mellow soil

施肥类型 Type	施肥水平 Level /(kg/hm²)	氮肥表观利用率 NARE/%	氮肥农学效率 NAE /(kg/kg)	氮肥利用率 NRE /%	磷肥表观利用率 PARE /%	磷肥农学效率 PAE /(kg/kg)	磷肥利用率 PRE /%	钾肥表观利用率 KARE /%	钾肥农学效率 KAE /(kg/kg)	钾肥利用率 KRE /%
单施复混肥 Compound fertilizer	N120	14.00aC	14.23aA	37.63aB	5.02aB	27.18aA	22.99aB	13.80aA	25.08aA	13.72bB
	N210	10.22bB	11.84bB	26.68bB	4.53abB	26.04aB	19.02bB	14.99aB	21.55bB	18.18aB
	N300	8.76cA	9.64cA	23.45cA	4.45abB	22.55bC	18.94bB	15.13aB	17.75cB	18.50aB
	N390	5.97dA	4.60dA	13.77dA	3.77bB	11.17cA	13.04cC	8.92bB	8.58dA	10.69cB
菌肥＋复混肥 Compound fertilizer and bacterial manure	N120	15.20aB	13.70aA	41.41aA	7.26aA	26.18aA	31.86aA	13.25bA	24.16aA	17.50bA
	N210	11.63bB	13.28aA	31.89bA	6.59abA	29.19aA	28.26bA	20.18aA	24.16aA	27.90aA
	N300	8.06cB	12.09aA	25.11cA	6.33bA	28.28aA	23.41cA	21.95aA	22.26aA	25.80aA
	N390	5.39dA	5.04bA	14.01dA	5.10cA	12.25bA	18.70dA	12.42bA	9.41bA	14.85bA
基质＋复混肥 Compound fertilizer and matrix	N120	18.62aA	13.52aA	41.38aA	6.80bA	26.84aA	23.72aB	12.19bA	24.84aA	14.30bB
	N210	14.01bA	13.42aA	27.95bB	7.23aA	27.51aA	21.50bB	19.30aA	24.43aA	25.39aA
	N300	9.64cA	11.00bA	24.53cA	6.04cA	26.73aB	20.80bB	21.64aA	20.25bAB	25.06aA
	N390	4.90dA	4.76cA	12.29dA	5.10dA	11.57bA	15.04cB	12.02bA	8.89cA	13.47bA

施肥量是在等幅度地增加，所以氮素农学效率会表现出先逐渐减少然后到 N390 水平时迅速减少的规律。不同处理的同一水平间比较，菌肥＋煤基复混肥的氮肥农学效率较高，但是和基质＋煤基复混肥的相应施肥水平比较，差异不显著。单施煤基复混肥的氮肥农学效率较低。

同一施肥类型、不同施肥水平间比较，氮肥利用率（NRE，%）呈现出相似的变化规律，即随施肥水平的提高，氮肥利用率显著减少（$P<0.05$）。不同施肥类型、同一施肥水平间比较，菌肥＋煤基复混肥的各个水平的氮肥利用率均较高，其次是基质＋煤基复混肥。

结合地上部分总吸氮量的变化规律分析，说明了随施氮量的增加，地上部分植株总吸氮量的增加幅度小于施氮量的增加幅度。这也说明了随施氮量的增加，更多的氮素在当季未来得及利用，一方面会增加土壤氮库水平，另一方面也增加了因氮素引起的面源污染的风险。

2. 煤基复混肥不同处理对磷肥利用效率的影响

同一施肥类型中，随施肥水平的提高，磷肥表观利用率（PARE，%）呈现减少的趋势（表 7-8）。不同施肥类型的同一施肥水平比较，菌肥＋煤基复混肥处理和基质＋煤基复混肥处理的相应水平间差异不显著，而这两种处理与单施煤基复混肥对应水平间差异显著（$P<0.05$）。

菌肥＋煤基复混肥处理和基质＋煤基复混肥处理中，N120、N210、N300 水平间磷肥农学效率（PAE，kg/kg）差异不显著，N390 水平的磷肥农学效率最低，且与其他水平间差异显著。单施煤基复混肥处理的不同施肥水平间比较，磷肥农学效率随施肥水平的提高呈减少的趋势。不同施肥类型、同一施肥水平比较，菌肥＋煤基复混肥处理的各个施肥水平的磷肥农学效率较高。

各个施肥类型中，随施肥水平的提高，磷肥利用率（PRE，%）都有不同程度的降低。各个施肥类型中，N120 水平的最高，和其他水平间差异显著，N390 水平最低，和其他水平间也存在显著差异。不同处理的同一水平比较，菌肥＋煤基复混肥处理显著高于基质＋煤基复混肥和单施煤基复混肥的对应水平，而基质＋煤基复混肥处理和单施煤基复混肥间的对应水平比较，差异不显著。

结合地上部分植株磷素吸收量、玉米产量变化规律和各种肥料对土壤微生物数量的影响，分析磷素利用效率各个指标的变化，说明复混肥中加入菌肥能显著提高磷肥的当季利用率，促进秸秆和籽粒对磷素的吸收利用，增加玉米产量。

3. 煤基复混肥不同处理对钾肥利用效率的影响

三种施肥类型中，钾肥表观利用率（KARE，%）均在 N300 施肥水平最高，与 N210 水平间差异不显著（表 7-8）；N390 施肥水平的钾肥表观利用率（KARE，%）

最低，和 N120 水平间差异不显著。不同施肥类型的同一施肥水平间比较，菌肥＋煤基复混肥处理和基质＋煤基复混肥处理间的对应施肥水平间差异不显著，而和单施煤基复混肥间差异显著。结合秸秆吸收钾素量的分析，说明随施钾量的增加，秸秆吸收钾素的增加幅度和施钾量增加不是同步的。

三种施肥类型中，N120 施肥水平的钾肥农学效率（KAE，kg/kg）较高，而 N390 施肥水平的钾肥农学效率较低，且和其他施肥水平间差异显著。不同处理的同一施肥水平间比较，菌肥＋煤基复混肥中各施肥水平的农学效率较高，而单施煤基复混肥处理的各施肥水平较低。

三种施肥类型中，钾肥利用率（KRE，%）呈现相似的变化规律，N210 水平的钾肥利用率最高，且和 N300 施肥水平间差异不显著，而 N390 水平钾肥利用率是最低的。不同处理的同一水平间比较，菌肥＋煤基复混肥的各个水平的钾肥利用率最高，而单施煤基复混肥的对应各水平是最低的，且和其他两种处理的对应各水平间差异显著。结合地上部分总吸钾量的变化规律分析，说明了随施钾量的增加，地上部分植株总吸钾量的增加幅度小于施肥量的增加幅度，并且到 N300 水平以后即随施肥量的增加，地上植株生长受到抑制，植株总吸钾量减少，钾肥利用率显著降低。

总体来看，相比不施肥处理，单施煤基复混肥、基质＋煤基复混肥和菌肥＋煤基复混肥处理都显著地提高了植株对氮、磷、钾的吸收量及利用效率。通过分析得出，菌肥＋煤基复混肥的氮、磷、钾吸收量最高，肥料利用率也较高。在菌肥＋煤基复混肥中 N300 施肥水平的氮、磷、钾吸收量及利用率最高。

7.5 讨论

旱地土壤培肥研究表明，有机肥和化肥合理配施能提高土壤的有机碳含量，促进土壤无机有机复合胶体的形成，有助于改良土壤结构，增大土壤保水能力，增加土壤养分，改善作物营养状况，增强作物利用深层土壤水分的能力，提高作物的水分生产效率（马耀华，1984）。通常，增施有机肥通过降低土壤容重和提高土壤的总孔隙度，从而改善土壤环境，可以提高土壤表层（0～60 cm）土壤含水量。旱作雨养农业区，作物耗水主要来自天然降水，较深层次（60～200 cm）的土壤含水量变化相对缓慢。若遇到旱情持续发生后，有机肥处理由于施肥较浅，地表蒸发同样严重，表层土壤含水量各处理之间差异并不一定显著。在旱作雨养农业区的作物生育期间，有效降水能够及时补给表层土壤含水，有机肥的蓄水保墒作用明显（陈刚，2012）。由于施肥能促进根系发育，增强根系活性，从而促进了作物对深层土壤水分的利用;而地表覆盖可以显著降低表层土壤的水分散失(张雷,2010;李尚中,2010)。

7.5.1　煤基复混肥不同处理对玉米田土壤水分状况及水分利用效率的影响

在不同立地条件下,研究了煤基复混肥不同处理对玉米各个生育阶段土壤贮水量和水分利用效率,试验结果及分析如下:

(1)从土壤贮水量方面分析,两试验区的播种期土壤贮水量没有显著差异。到玉米抽雄期,虽然玉米旺盛生长需要较多水分,但前期降水较多,能基本满足玉米生长所需。测定出两试验区该阶段土壤贮水量的变化规律一致,都是随施肥量的增加而减少。主要原因是:在一定施肥用量范围内,施肥虽影响土壤理化性状,也影响土壤蒸发,但抽雄期玉米生长旺盛,植物蒸腾耗水大于土壤蒸发,所以主要由蒸腾损耗决定;又因为施肥越多,玉米的前期生长越旺盛,耗水越多,随施肥量增加,贮水量相应减少。对照区玉米地上部分生物量远远小于其他施肥处理,所以蒸腾量大大减少,所以相比各个施肥处理对照区土壤贮水量是最多的。

在乳熟期,由于在取样测定之前的一段时间降水量较少,玉米生长消耗水分又较大,所以各处理的贮水量普遍偏低。两试验区都是随施肥量的增加,土壤贮水量显著增加,说明了在该时段随施肥量的增加,耗水量是逐渐减少的。分析其原因,各处理的玉米乳熟期蒸腾损失水分量基本相当,而施肥对土壤改良作用使得蒸发损失会随施肥量的增加而减少,从而使土壤贮水量显著增加。而不施肥的对照区土壤保蓄水分能力较差,尤其是复垦区对照区的玉米叶片出现了干枯卷曲,且地面裸露较多也加速了土壤水分的蒸发损失,所以土壤贮水量较少。

在玉米收获期,土壤水分的消耗主要是通过土壤蒸发,而施肥水平的高低对土壤蓄水量有一定影响,表现为熟土区土壤贮水量随施肥量的增加而略有增加的趋势。相比之下复垦区土壤在该阶段土壤贮水量变化幅度较小,且没有明显的变化规律。

另外,单施煤基复混肥及其与菌肥配施时,同一施肥水平对土壤贮水量没有明显影响;在不同施肥水平,因施肥会影响土壤的理化性状和玉米生长,进而影响玉米的蒸散量,并最终对土壤的贮水量产生一定的影响。

(2)从玉米生育期耗水量方面分析,耗水量最多的阶段是播种到抽雄期,熟土区大约占到生育期总耗水的45.45%,复垦区占到42.90%,可能原因在于,该阶段时间跨度大,且从拔节到抽雄玉米营养生长和生殖生长并进,生长旺盛,耗水也较多。施肥种类对阶段耗水量的影响不明显,施肥量对耗水量有一定的影响,随施肥量的增加耗水量显著增加，这与前面分析的该阶段的土壤贮水量是相对应的。相比较对照区耗水量最少，说明在不施肥的情况下玉米的生长受到限制，蒸腾损失水分也会减少。

在抽雄-乳熟期，熟土区阶段耗水量约占总耗水量的 34.20%，复垦区占到 34.46%。随施肥量的增加，耗水量显著减少。分析原因可能是随施肥量增加，肥料对土壤改良作用充分发挥了作用，土壤保水能力增强，同时，在此阶段过多施肥对玉米生长也会产生一定的抑制作用，影响了植物蒸腾量。在这一阶段对照区(CK)玉米主要还进行营养生长，蒸腾和蒸发耗水均较多，所以耗水量较多。

相比较其他玉米生长阶段，乳熟-成熟期土壤水分主要是用于土表蒸发损失，玉米植株蒸腾强度降低，所以阶段耗水量最少，熟土区约占总耗水量的 21.35%，复垦区占总耗水的 22.64%。在熟土区随施肥量的增加，土壤耗水量没有明显的变化规律。分析原因：可能是因为到玉米生长后期，施肥种类和施肥量对水分的影响逐渐减弱，所以没有明显的变化规律。而在复垦区，随施肥量的增加，阶段耗水量显著增加，主要是由于复垦区随施肥量的增加，玉米植株还有一定的生长，从而表现出施肥越多阶段耗水也越多的情况。

玉米全生育期耗水量是不同施肥措施对土壤蒸发和植株蒸腾共同产生影响的结果，是前面三个主要生育阶段耗水之和。同一肥料种类内，随施肥量的增加耗水量略微减少。熟土区各施肥水平总耗水量变化范围为 338.40～347.56 mm，对照(CK)虽然在该玉米生长季没有施肥，但是前茬作物收获后残留部分养分供植物生长所需，生长也相对较好，所以总耗水量也较高，为 342.34 mm。在复垦区，各施肥水平的总耗水量为 316.25～337.13 mm，对照区玉米总耗水量最少，仅为 312.72 mm，且经前面的分析得知对照区大部分是蒸发损失量，对玉米的生长极为不利，严重影响了玉米产量。

(3)在复垦区和熟土区，玉米水分利用效率差别较大。熟土区玉米水分利用效率较高，为 27.77～33.62 kg/(mm・hm^2)，对照区为 23.24 kg/(mm・hm^2)。说明熟土区水肥条件较好，施入煤基复混肥有利于提高玉米产量。复垦区玉米水分利用效率较低，为 12.98～18.32 kg/(mm・hm^2)，对照区仅为 4.67 kg/(mm・hm^2)，说明复垦区土壤在试验前的肥力水平极低，当施入一定量的有机无机复混肥后，虽然各个施肥水平不同程度地提供了一定的营养成分，但还没有达到植物所需的均衡营养，影响了玉米产量的形成，所以水分利用率较低。

7.5.2 煤基复混肥不同处理对氮、磷、钾肥利用率的影响

在不同立地条件下，施入煤基复混肥及其与菌肥配施对玉米地上部分植株吸

收氮、磷、钾量和肥料利用效率有较大差异。

(1)各个施肥处理条件下,熟土区玉米地上部分吸收氮、磷、钾量的变化规律基本一致,即随施肥量增加,吸收氮、磷、钾量先增加后减少,在 N300 施肥水平时的吸收量最高。地上全植株吸收养分量比较,N300 和其他各水平间有显著差异,N390 和 N210 间差异不显著,各个施肥处理和 CK 间有显著差异,这主要是由于植株吸收营养元素的量与地上部分生物产量和籽粒产量有关。结合其他章节的分析得出,到施肥量为 N390 水平时,肥料产生了一定的抑制植物生长的作用,使得各个处理的秸秆生物量和籽粒产量基本不增加反而在减少,从而影响了氮、磷、钾等养分的吸收利用。

与单施煤基复混肥和基质+煤基复混肥处理比较,菌肥+煤基复混肥处理的各个施肥水平地上总植株吸收磷量较多,和其他施肥处理的对应施肥水平间比较,差异显著。说明煤基复混肥与菌肥配施可促进土壤中磷的分解转化,增加了玉米植株对磷素的吸收利用。

从氮、磷的收获指数看,籽粒是容纳氮、磷素最多的器官,分别占到地上植株吸收量的 59.87%、64.94%;钾的籽粒吸收量占到总地上部分总吸收量的 16.57%。这和曹国军等的研究相一致(曹国军等,2008;王宜伦等,2009)。

从施肥处理后氮、磷、钾的利用效率分析,由于秸秆和籽粒吸收氮、磷、钾量和施肥量的增加程度不同,所以表现出的氮、磷、钾的表观利用率、农学效率、养分利用效率都是随施肥量的增加而变化规律不一致的现象,但总体而言,不同施肥类型的同一施肥水平比较,菌肥+煤基复混肥配施的氮、磷、钾的表观利用率、农学效率、养分利用效率较高。

(2)在复垦区,各个施肥处理玉米地上部分吸收氮、磷、钾量的变化规律基本一致,均随施肥水平提高,吸收氮、磷、钾量也在逐渐增加,到 N390 水平时的吸收量最高,但和 N300 水平差异不显著。这主要是由于复垦区土壤养分严重不足且不均衡,施肥量越多越有利于了植株对营养元素的吸收利用。

另外,菌肥+煤基复混肥处理和单施煤基复混肥、基质+煤基复混肥比较得出,菌肥+煤基复混肥处理的地上总植株吸收磷量较多,且和其他两种处理的对应施肥水平比较,有显著差异。菌肥+煤基复混肥和基质+煤基复混肥处理相应施肥水平的地上植株总吸收氮、钾量比较,差异不显著;但是和单施煤基复混肥的相应施肥水平比较,差异显著。说明有机无机复混肥配施,尤其是所加的解磷菌促进了土壤中磷的分解转化,也促进了玉米植株对磷是吸收利用。

从氮、磷的收获指数看,籽粒是容纳氮、磷素最多的器官,分别占到地上植株吸收量的 53.94%、50.78%;钾的籽粒吸收量占到总地上部分总吸收量的 19.76%。

从施肥处理后氮、磷、钾的利用效率分析，由于秸秆和籽粒吸收氮、磷、钾量和施肥量的增加程度不同，所以表现出的氮、磷、钾的表观利用率、农学效率、养分利用效率都是随施肥水平的提高而呈现不一致的变化规律，但总体而言，不同施肥类型的同一施肥水平间比较，菌肥＋煤基复混肥配施的氮、磷、钾的表观利用率、农学效率、养分利用效率较高。

合理施肥、改善作物的营养状况是提高旱地作物水分利用的关键。水分利用效率是衡量旱地作物生产中水资源利用的重要指标，旱地土壤耕作措施、地表覆盖、保护性耕作、合理施肥等方面的研究（胡恒宇，2011）集中在如何提高水分利用效率。本研究结果表明，施肥可以显著提高水分利用效率，但是，相比之下，复垦区土壤“库”、“源”都维持在较低水平，影响了玉米的生长和经济产量的形成。因年降雨量的不规律性，季节性干旱持续时间长短也不确定，均会影响旱作农田土壤水分和养分的有效性，有机肥在土壤环境中的作用非常复杂，肥效释放也需要一个较长的过程，较短的时间尚难确定其规律性。因此对复垦区旱作雨养耕地的水肥耦合研究需要进行长期的定位试验才能够得出更加科学、准确的结论。

7.6 小结

本试验通过煤基复混肥不同处理对复垦区和熟土区玉米各生育期水分利用效率和肥料利用效率进行了研究，结果如下：

(1)两个试验区三种不同施肥类型（单施复混肥、菌肥＋复混肥、基质＋复混肥）、同一施肥水平对土壤贮水量和玉米生长阶段耗水量无显著影响；同一施肥类型、不同施肥水平对土壤保蓄水分的能力具有明显影响，进而影响到土壤的贮水量和阶段耗水量。

(2)两试验区的水分利用效率均在N300施肥水平达到最高，且呈现为：菌肥＋复混肥（N300水平）＞基质＋复混肥（N300水平）＞单施复混肥（N300水平）。

(3)熟土区菌肥＋复混肥在N300施肥水平，氮、磷、钾吸收量及利用率最高。复垦区菌肥与煤基复混肥配施在N390和N300施肥水平，氮、磷、钾吸收量及利用率较高。三种施肥类型均显著地提高了植株对氮、磷、钾的吸收量及利用效率。菌肥＋复混肥对氮、磷、钾的吸收量及利用效率显著高于单施复混肥。

8　结论与展望

8.1　结论

本研究以工矿区废弃物为有机原料，与化学肥料（尿素、磷酸二铵、硫酸钾等）复混研制而成煤基复混肥。在熟土区和复垦区分别进行大田试验，系统研究了煤基复混肥及其与菌肥配施对土壤养分、土壤生物性状、作物生长及其产量品质、水肥利用效率等的影响，揭示煤基复混肥及其与菌肥配施对玉米生长和土壤性状的影响机理。全文主要结论如下：

8.1.1　煤基复混肥料研制及其主要参数

（1）以工矿区固体废弃物为原料，研制并生产了Ⅰ型、Ⅱ型和Ⅲ型煤基复混肥。经检测，其各项指标均符合国家相关标准（GB 18877—2009）。三种煤基复混肥的总无机养分分别为28.20%、25.35%、32.27%，有机质含量分别为25.71%、19.93%、15.60%；煤基废弃物分别占煤基复混肥总量的28.49%、30.85%、31.54%。煤基复混肥可有效消纳工矿区废弃物并拓宽了工矿区废弃物农业资源化利用的途径。

（2）煤基固体废弃物的含水量控制在8%～10%，细度控制为1.00～2.50 mm，对煤基复混肥生产较为有利。

8.1.2　煤基复混肥不同处理对土壤养分含量的影响

（1）煤基复混肥不同处理均可明显提高土壤有机质及全氮、全磷和全钾含量。在复垦区，煤基复混肥及其与菌肥配施可使土壤有机质、全氮、全磷、全钾含量较CK分别增加27.78%～72.22%、15.61%～63.90%、23.07%～76.92%、13.80%～47.36%。在N300和N390施肥水平，基质＋复混肥施肥处理土壤有机质含量显著高于单施复混肥或菌肥＋复混肥；土壤全氮含量在三种施肥类型、同一施肥水平间均无显著差异；在N120和N210施肥水平，菌肥＋复混肥施肥处理土壤全磷含量显著低于单施复混肥或基质＋复混肥；在N120和N390施肥水平，单施复混肥土壤全钾含量显著高于菌肥＋复混肥。在熟土区，煤基复混肥及其与菌肥配施可使土壤有机质、全氮、全磷、全钾含量较CK分别增加5.74%～18.23%、7.87%～28.53%、14.78%～46.93%、13.41%～27.36%。土壤有机质、全氮、全磷含量在三种施肥类型、同一施肥水平间均无显著差异。

(2)煤基复混肥不同处理均可明显提高土壤碱解氮、有效磷和速效钾含量。在复垦区，成熟期煤基复混肥不同处理土壤碱解氮、有效磷、速效钾较CK分别增加2.04～2.53倍、1.84～2.59倍、29.15%～41.82%。三种施肥类型、同一施肥水平间碱解氮和速效钾含量均无显著差异。菌肥＋复混肥在各施肥水平有效磷含量均显著高于单施复混肥和基质＋复混肥。

在熟土区，煤基复混肥不同处理在成熟期可使土壤碱解氮、有效磷、速效钾含量较CK分别增加0.85～1.61倍、0.34～1.27倍、25.82%～46.84%。在成熟期，单施复混肥和菌肥＋复混肥施肥处理的碱解氮含量在各个施肥水平间均无显著差异，但显著高于基质＋复混肥。在各个施肥水平，菌肥＋复混肥有效磷含量均高于单施复混肥和基质＋复混肥，其中在N120和N390施肥水平有显著差异。成熟期速效钾含量在三种施肥类型、同一施肥水平均无显著差异。

8.1.3 煤基复混肥不同处理对土壤生物性状的影响

(1)在复垦区和熟土区，三种施肥类型条件下，土壤PLFA总量随施肥量增加而增加，在N300施肥水平达到最高。超高量(N390)施肥使土壤PLFA总量下降。菌肥＋复混肥土壤PLFA总量在各个生育期显著高于单施复混肥或基质＋复混肥。

(2)在两个试验区，煤基复混肥及其与菌肥配施各施肥水平均可促进细菌PLFA量增长，且在N300施肥水平达到最高。超高施肥水平(N390)对细菌活性抑制明显。菌肥＋复混肥各施肥水平细菌PLFA量显著高于单施复混肥或基质＋复混肥。

(3)煤基复混肥及其与菌肥配施对两个试验区土壤真菌PLFA量增长有促进作用。在复垦区，拔节期和灌浆期菌肥＋复混肥各施肥水平真菌PLFA量显著高于单施复混肥或基质＋复混肥，成熟期则在N300和N390施肥水平菌肥＋复混肥显著高于单施复混肥。复垦区真菌PLFA量在N210施肥水平达到最大。在熟土区，拔节期和成熟期菌肥＋复混肥在N210施肥水平真菌PLFA量显著高于单施复混肥。灌浆期菌肥＋复混肥在N120施肥水平真菌PLFA量显著高于单施复混肥。熟土区真菌PLFA量在N300施肥水平达到最大。

(4)土壤PLFA总量、细菌和真菌PLFA量均在灌浆期达到最高，表现为灌浆期＞成熟期＞拔节期。土壤微生物受水热资源以及作物生长等因素影响明显。

（5）复垦区和熟土区煤基复混肥不同处理均可提高土壤微生物量碳、氮水平。单施复混肥、菌肥＋复混肥、基质＋复混肥三种施肥类型微生物量碳、氮含量均在玉米灌浆期、N300 施肥水平达到最高。总体来看，菌肥＋复混肥可使微生物量碳、氮水平显著高于单施复混肥。

（6）煤基复混肥不同处理均可显著提高土壤酶活性。复垦区脲酶活性、磷酸酶活性在成熟期、N300 施肥水平达到最高；蔗糖酶活性在灌浆期、N300 施肥水平达到最高水平；菌肥＋复混肥较单施复混肥、基质＋复混肥可以明显增加土壤酶活性。在熟土区，三种酶活性均在灌浆期、N300 施肥水平达到最高水平。菌肥＋复混肥对提高土壤酶活性作用明显。

8.1.4 煤基复混肥不同处理对玉米生长及产量品质的影响规律

（1）煤基复混肥不同处理对玉米株高和干物质积累的影响因施肥水平有一定差异。在苗期至灌浆期，玉米株高和干物质积累增长较快，成熟期玉米株高和干物质积累增长缓慢。古交复垦区的玉米株高和干物质积累在各个施肥水平间有显著差异，不施肥处理（CK）对玉米株高和干物质积累形成明显胁迫；与复垦区相比，熟土区玉米株高和干物质积累在各个施肥水平间的差异较小。

（2）随施肥水平增加，两个试验区玉米产量呈增加趋势，至 N300 施肥水平产量达到最高。其中古交复垦区单施复混肥、菌肥＋复混肥、基质＋复混肥在 N300 施肥水平玉米产量分别为 5 391.15 kg/hm^2、5 957.52 kg/hm^2、5 695.73 kg/hm^2，不施肥（CK）处理玉米产量仅为 1 460.25 kg/hm^2。不施肥处理对玉米产量形成有明显胁迫。菌肥与复混肥配施玉米产量显著高于单施复混肥。东阳熟土区单施复混肥、菌肥＋复混肥、基质＋复混肥在 N300 施肥水平玉米产量分别为 10 848.67 kg/hm^2、11 583.19 kg/hm^2、11 256.42 kg/hm^2。菌肥与复混肥配施在 N300 施肥水平玉米产量显著高于单施复混肥，但与基质与复混肥配施相比无显著差异。

（3）玉米穗部性状因施肥水平不同有一定的差异。古交复垦区的玉米穗粒数、穗粒重和百粒重与东阳熟土区的玉米穗部性状相比，均显著低于东阳熟土区，由此导致两个试验区同一施肥水平、同一玉米品种，玉米产量差异显著。

（4）玉米籽粒品质因施入不同煤基复混肥量而有所差异，古交复垦区玉米籽粒油脂含量呈随施肥量增加而增加的趋势。玉米籽粒淀粉含量则有随施肥量的增加有减少趋势。煤基复混肥不同处理的籽粒淀粉含量最大值基本都出现在 N120 施肥水平。玉米籽粒蛋白质含量与油脂含量的变化趋势较为一致，最大值出现在

N390 这一施肥水平。东阳熟土区玉米籽粒油脂含量随施肥水平增加而增加，但其油脂水平总体较古交玉米籽粒要高。东阳玉米籽粒淀粉含量与施肥水平高低无一致趋势，且东阳玉米淀粉含量低于古交复垦区玉米淀粉含量。东阳玉米籽粒蛋白质含量随施肥量增加并未呈现明显的趋势性，单施复混肥时，N390 施肥水平的玉米蛋白质含量达到最大；菌肥＋复混肥、基质＋复混肥两种施肥类型籽粒蛋白质含量均在 N120 施肥水平达到最高。

8.1.5 煤基复混肥不同处理对作物水肥利用的影响

（1）两个试验区三种不同施肥类型（单施煤基复混肥、菌肥＋煤基复混肥、基质＋煤基复混肥）、同一施肥水平对土壤贮水量和玉米生长阶段耗水量无显著影响；同一施肥类型、不同施肥水平对土壤保蓄水分的能力具有明显影响，进而影响到土壤的贮水量和阶段耗水量。

（2）两试验区的水分利用效率均在 N300 施肥水平达到最高，且呈现为：菌肥＋煤基复混肥（N300 水平）＞基质＋煤基复混肥（N300 水平）＞单施煤基复混肥（N300 水平）。

（3）三种施肥类型均显著地提高了复垦区玉米植株对氮、磷、钾的吸收量及利用效率，其中菌肥＋复混肥在 N300 和 N390 施肥水平，氮、磷、钾吸收量及利用率最高。熟土区菌肥＋复混肥在 N300 施肥水平，氮、磷、钾吸收量及利用率最高。复垦区籽粒和秸秆吸收氮、磷、钾量均显著低于熟土区。

8.2 展望

（1）本研究虽然立足于工矿区固体废弃物的资源化利用研究，但可供参考的成熟的理论和实践较少，因此对煤基复混肥的研究深度和广度较为有限，需在今后的工作和研究中进一步加大相关领域研究的借鉴和探索。

（2）本研究主要突出煤基复混肥及其与菌肥配施对土壤生物和作物的影响效应，但缺少与单施化学肥料施用时的比较和对照，有必要在今后的研究中进行补充。另外，本研究虽在复垦区和熟土区两种不同立地类型条件下开展了大量工作，但囿于条件限制，很多内容如煤基复混肥对土壤肥力的影响、土壤物理性状变化对煤基复混肥的响应等仍需进行长期定位观测，才能得出更具有代表性和科学性的结论。

（3）复垦区土壤由于肥力低下，需要通过人为施肥进行干预，同时也可以通过豆科作物自身固氮以及微生物活动增加土壤肥力，改善土壤结构，从而促进土壤自身进化的能力，这些研究应在以后的试验中进行充实。另外，通过改变施肥方式促进作物增产和提高肥效利用的研究应该随之开展。

（4）目前，在全国工矿区土地复垦方面的研究非常多，通过研究不同区域的复垦理论、技术及其效果，提出具有普适性的复垦土壤快速培肥或熟化的集成技术成为一种必然。

参考文献

白震,张明,宋斗妍,等. 不同施肥对农田黑土微生物群落的影响[J]. 生态学报,2008,28(7):3244-3253.

白晓瑛,陈学涛,邱现奎,等. 粉煤灰包膜缓释肥养分释放特征分析[J]. 河北科技师范学院学报,2013,27(3):25-29.

白中科. 美国土地复垦的法制化之路[J]. 资源导刊,2010,8:44-45.

白中科. 山西矿区土地复垦科学研究与试验示范十八年回顾[J]. 山西农业大学学报,2004,24(4):313-317.

白中科,郭青霞,王改玲,等. 矿区土地复垦与生态重建效益演变与配置研究[J]. 自然资源学报,2001,16(6):525-530.

鲍士旦. 土壤农化分析[M]. 3 版. 北京:中国农业出版社,1981:25-108.

毕明丽,宇万太,姜子绍,等. 施肥和土壤管理对土壤微生物生物量碳、氮和群落结构的影响[J]. 生态学报,2010,30(1):32-42.

毕银丽,吴福勇,武玉坤. 接种微生物对煤矿废弃基质的改良与培肥作用[J]. 煤炭学报,2006,31(3):365-368.

毕银丽,吴福勇,武玉坤. 丛枝菌根在煤矿区生态重建中的应用[J]. 生态学报,2005,25(8):2068-2073.

毕银丽,吴福勇. 菌根对煤矿废弃物生态恢复的营养动力学影响[J]. 农业工程学报,2006,2(5):147-152.

曹国军,刘宁,李刚,等. 超高产春玉米氮磷钾的吸收与分配[J]. 水土保持学报,2008,22(2):198-201.

曹银贵,白中科,张耿杰,等. 山西平朔露天矿区复垦农用地表层土壤质量差异对比[J]. 农业环境科学学报,2013,32(12):2422-2428.

曹志平,胡诚,叶钟年,等. 不同土壤培肥措施对华北高产农田土壤微生物生物量碳的影响[J]. 生态学报,2006,26(3):1486-1493.

曹子库,张培,孙育强. 几种不同生产工艺的复混肥对冬小麦的影响[J]. 农学学报,2014,4(9):37-41.

陈刚,王璞,陶洪斌,等. 有机无机配施对旱地春玉米产量及土壤水分利用的影响[J]. 干旱地区农业研究,2012,30(6):139-144

陈海宁,胡兆平,李新柱. 不同硝态氮含量的硝基复合肥对玉米苗期生长及光合特性的影响[J]. 中国农学通报,2014,30(9):129-132.

陈倩,刘善江,白杨,等. 山西矿区复垦土壤中解磷细菌的筛选及鉴定[J]. 植物营养与肥料学报,2014,20(6):1505-1516.

陈晓玲,党朝芬,李成. 煤泥有机质与碳含量相关性及用煤泥生产生态复合肥[J]. 皖西学院学报,2013,29(2):68-71.

陈世和. 城市垃圾堆肥原理与工艺. 上海:复旦大学出版社,1990:52-68.

崔爱玲,洪磊,关延峰,等. 借鉴发达国家先进管理经验完善我国土地复垦资金制度[J]. 国土资源,2009(6):44-45.

崔超,高聚林,于晓芳,等. 不同氮效率基因型高产春玉米花粒期干物质与氮素运移特性的研究[J]. 植物营养与肥料学报,2013,19(6):1337-1345.

崔新卫,张杨珠,吴金水,等. 秸秆还田对土壤质量与作物生长的影响研究进展[J]. 土壤通报,2014,45(6):1527-1532.

董艳,汤利,郑毅. 小麦-蚕豆间作条件下氮肥施用量对根际微生物区系的影响[J]. 应用生态学报,2008,19(7):1559-1566.

董钻,沈秀瑛. 作物栽培学总论[M]. 北京:中国农业出版社,2000:42-44.

杜善周,毕银丽,吴王燕,等. 丛枝菌根对矿区环境修复的生态效应[J]. 农业工程学报,2008,24(4):113-116.

杜伟. 有机无机复混肥优化养分利用的效应与机理[D]. 中国农业科学院学位论文,2010.

杜伟,赵秉强,林治安,等. 有机无机复混肥优化化肥养分利用的效应与机理研究Ⅰ有机物料与尿素复混对玉米产量及肥料养分吸收利用的影响[J]. 植物营养与肥料学报,2012,18(3):579-586.

杜伟,赵秉强,林治安,等. 有机无机复混肥优化化肥养分利用的效应与机理研究Ⅱ有机物料与磷肥复混对玉米产量及肥料养分吸收利用的影响[J]. 植物营养与肥料学报,2012,18(4):825-831.

杜伟,赵秉强,林治安,等. 有机无机复混肥优化化肥养分利用的效应与机理研究Ⅲ有机物料与钾肥复混对玉米产量及肥料养分吸收利用的影响[J]. 植物营养与肥料学报,2015,21(1):58-63.

范继香,郜春花,张强,等. 施肥措施对矿区复垦土壤活性有机碳库的影响[J]. 中国农学通报,2012,28(36):119-123.

樊文华，白中科，李慧峰，等．不同复垦模式及复垦年限对土壤微生物的影响[J]. 农业工程学报，2011，27(2)：330-336.

方辉，王翠红，辛晓云，等．平朔安太堡矿区复垦地土壤微生物与土壤性质关系的研究[J]. 安全与环境学报，2007，7(6)：74-76.

冯朝朝，韩志婷，张志义，等．煤矿固体废物-煤矸石的资源化利用[J]. 煤炭技术，2010，29(8)：5-7.

冯跃华，胡瑞芝，张杨珠，等．几种粉煤灰对磷素吸附与解吸特性的研究[J]. 应用生态学报，2005，16(9)：1756-1760.

付青霞．生物复混肥对猕猴桃果实品质及果园土壤微生态的影响[D]. 西北农林科技大学硕士学位论文，2014.

付学琴，陈霞，龙中儿．城市垃圾堆肥对高羊茅生长及土壤性质的影响[J]. 植物资源与环境学报，2012，21(2)：96-101.

高晴．加拿大的矿业环境保护[J]. 资源·产业，2003，5(4)：19-23.

高伟，金继运，何萍，等．我国北方不同地区玉米养分吸收及累积动态研究[J]. 植物营养与肥料学报，2008，14(4)：623-629.

高亚军，李生秀，田霄鸿，等．不同供肥条件下水分分配对旱地玉米产量的影响[J]. 作物学报，2006，32(3)：415-422.

龚振平，等．土壤学与农作学．北京：中国水利水电出版社，2009：94-95.

谷洁，高华，李鸣雷，等．有机无机复混肥对冬小麦产量及其水分利用效率的影响[J]. 西北农林科技大学学报(自然科学版)，2004，32(2)：65-68.

谷洁，李生秀，高华，等．有机无机复混肥对旱地作物水分利用效率的影响[J]. 干旱地区农业研究，2004，22(1)：142-145.

关松荫．土壤酶及其研究法[M]. 北京：农业出版社，1986：303-313.

桂芝，曹明宏．农业产业循环经济：西部农村的必然选择[J]. 经营与管理，2007(2)：45-46.

郭友红，李树志，高均海．不同年度复垦土壤微生物研究[J]. 安徽农业科学，2010，38(16)：8575-8576，8647.

郭汉清，谢英荷，洪坚平，等．煤基复混肥对复垦土壤养分、玉米产量及水肥利用的影响[J]. 水土保持学报，2016，30(2)：79-85.

哈丽哈什·依巴提，张丽，陆强，等．猪粪堆肥与化肥不同配施方式对水稻产量和养分累积的影响[J]. 南京农业大学学报，2013，36(5)：77-82.

韩金玲，李彦生，杨晴．不同种植密度下春玉米干物质积累、分配和转移规律研究[J]. 玉米科学，2008，16(5)：115-119.

韩文星,姚拓,席琳乔,等．PGPR菌肥制作及其对燕麦生长和品质影响的研究[J]．草业学报,2008,17(2):75-84.

何国清,杨伦,凌赓娣,等．矿山开采沉陷学[M]．徐州:中国矿业大学出版社,1991.

贺振伟,白中科,张继栋,等．中国土地复垦监管现状与阶段性特征[J]．中国土地科学,2012,26(7):56-59.

洪坚平,谢英荷,孔令节,等．矿山复垦区土壤微生物及其生化特性研究[J]．生态学报,2000,20(4):669-672.

侯彦林,王曙光,郭伟．尿素施肥量对土壤微生物和酶活性的影响[J]．土壤通报,2004,35(3):303-306.

胡振琪,骆永明．关于重视矿-粮复合区环境质量与粮食安全问题的建议[J]．科学导报,2006,24(3):93-94.

胡振琪．山西省煤矿区土地复垦与生态重建的机遇和挑战[J]．山西农业科学,2010,38(1):42-45,64.

胡振琪,魏忠义,秦萍．矿山复垦土壤重构的概念与方法[J]．土壤,2005,37(1):8-12.

胡振琪,魏忠义,秦萍．塌陷地粉煤灰充填复垦土壤的污染性分析[J]．中国环境科学,2004,24(3):311-315.

胡振琪,赵艳玲,毕银丽．美国矿区土地复垦[J]．域外土地,2001,6:43-44.

胡恒宇,李增嘉,宁堂原,等．深松和尿素类型对不同玉米品种水分利用效率的影响[J]．中国农业科学,2011,44(9):1963-1972.

黄铭洪,骆永明．矿区土地修复与生态恢复[J]．土壤学报,2003,40(2):161-169.

黄绍文,孙桂芳,金继运,等．氮、磷和钾营养对优质玉米籽粒产量和营养品质的影响[J]．植物营养与肥料学报,2004,10(3):225-230.

黄懿梅,安韶山．畜禽粪便复混肥研制及其肥效初探[J]．水土保持研究,2005,12(3):53-57.

冀建华,李絮花,林志安,等．磷肥与复肥[J]．山东省施肥演变与现状分析,2009,2:34-39.

姬兴杰,熊淑萍,李春明,等．不同肥料类型对土壤酶活性与微生物数量时空变化的影响[J]．水土保持学报,2008,22(1):123-128.

贾伟,周怀平,解文艳,等．长期有机无机肥配施对褐土微生物生物量碳、氮及酶活性的影响[J]．植物营养与肥料学报,2008,14(4):700-705.

姜艳喜，王振华，金益林，等．玉米收获期籽粒含水量相关性状的遗传及育种策略[J]．玉米科学，2004，12(1)：21-25.

焦晓燕，王立革，卢朝东．采煤塌陷地复垦方式对土壤理化特性影响研究[J]．水土保持学报，2009，23(4)：123-124.

金丹，卞正富．国内外土地复垦政策法规比较与借鉴[J]．中国土地科学，2009，23(10)：66-73.

柯福来，马兴林，黄瑞冬，等．高产玉米品种的产量结构特点及形成机制[J]．玉米科学，2010，18(2)：65-69.

赖涛，沈其荣，茆泽圣，等．几种有机和无机氮肥对草莓生长及其氮素吸收分配影响的差异[J]．植物营养与肥料学报，2006，12(6)：850-857.

李兵，李新举，刘雪冉．施用蘑菇料对煤矿区复垦土壤物理特性的影响[J]．煤炭学报，2010，35(2)：288-282.

李东坡，陈利军，武志杰，等．不同施肥黑土微生物量氮变化特征及相关因素[J]．应用生态学报，2004，15(10)：1891-1896.

李德发，宋国隆，赵丽丹．饲料工业对玉米的数量需求和质量要求[J]．玉米科学，2003，11(专刊)：83-87.

李逢雨，孙锡发，冯文强，等．麦秆、油菜秆还田腐解速率及养分释放规律研究[J]．植物营养与肥料学报，2009，15(2)：374-380.

李广信．山西煤炭工业生态补偿实践[M]．太原：山西科技出版社，2010.

李广信，王学东，闰晓兴，等．山西省煤炭工业可持续发展政策措施试点工作生态环境保护指导丛书[M]．山西省环境保护局，2008：128-137.

李桂花．不同施肥对土壤微生物活性、群落结构和生物量的影响[J]．中国农学通报，2010，26(14)：204-208.

李金洪，李伯航．矿质营养对玉米籽粒营养品质的影响[J]．玉米科学，1995，3(3)：54-58.

李金岚，洪坚平，谢英荷，等．采煤塌陷地不同施肥处理对土壤微生物群落结构的影响[J]．生态学报，2010，30(22)：6193-6200.

李金岚，王红芬，洪坚平．生物菌肥对采煤沉陷区复垦土壤酶活性的影响[J]．山西农业科学，2010，38(2)：53-54，96.

李俊，沈德龙，林先贵．农业微生物研究和产业化进展[M]．北京：科学出版社，2011.

栗丽，洪坚平，谢英荷，等．生物菌肥对采煤塌陷复垦土壤生物活性及盆栽油菜产量和品质的影响[J]．中国生态农业学报，2010，18(5)：939-944.

李良皓，韩晓增，李海波，等．黑土区不同施肥对大豆耗水量及水分利用效率的影响[J]．土壤通报，2009，40(30)：601-605.

李明，杨志军，李振华，等．肥料和密度对玉米籽粒蛋白质及醇溶蛋白含量的影响[J]．东北农业大学学报，2004，35(3)：268-271.

李巧珍，李玉中，郭家选，等．覆膜集雨与限量补灌对土壤水分及冬小麦产量的影响[J]．农业工程学报，2010，26(2)：25-29.

李尚中，王勇，樊廷录，等．旱地玉米不同覆膜方式的水温及增产效应[J]．中国农业科学，2010，43(5)：922-931.

李少朋，毕银丽，余海洋，等．模拟矿区复垦接种丛枝菌根缓解伤根对玉米生长的影响[J]．农业工程学报，2013，29(23)：211-216.

李生秀．中国旱地农业[M]．北京：中国农业出版社，2004：31-35.

李淑芳，张春宵，路明，等．玉米籽粒自然脱水速率研究进展[J]．分子植物育种，2014，12(4)：825-829.

李文英，彭智平，黄继川，等．污泥复混肥对苦瓜产量和品质的效应研究[J]．广东农业科学，2010，11：91-93.

李晓．潞安矿区土地复垦模式研究[J]．能源环境保护，2011，25(6)：41-44.

李永青．风化煤施用对露天煤矿区复垦土壤性质的影响[D]．山西大学硕士学位论文，2009.

李正秋，黄欢，崔艳杰，等．利用煤泥研制具有肥效的生态缓释材料[J]．应用化工，2011，40(11)：1929-1931.

廖宗文，杜建军，宋波，等．肥料养分控释的技术、机理和质量评价[J]．土壤通报，2003，34(2)：106-109.

廖宗文，王卫红，江东荣，等．有机无机复肥系统与肥效关系初探[J]．华南农业大学学报，1995，16(2)：25-30.

廖宗文，温志平．开发工业废料、发展有机复肥[J]．农业环境保护，1993，12(1)：44-45.

梁利宝，洪坚平，谢英荷，等．不同培肥处理对采煤塌陷地复垦不同年限土壤熟化的影响[J]．水土保持学报，2010，24(3)：140-145.

林新坚，林斯，邱珊莲，等．不同培肥模式对茶园土壤微生物活性和群落结构的影响[J]．植物营养与肥料学报，2013，19(1)：93-101.

刘传富，孙润仓，张爱萍，等．农林废弃物处理工业废水的研究进展[J]．现代化工，2006，26(27)：84-87.

刘德平，杨树青，史海滨．氮磷配施条件下作物产量及水肥利用效率[J]．生态学杂志,2014,33(4):902-909.

刘恩科,赵秉强,李秀英,等. 长期施肥对土壤微生物量及土壤酶活性的影响[J]. 植物生态学报,2008,32(1):176-182.

刘恩科,赵秉强,胡昌浩,等. 长期不同施肥制度对玉米产量和品质的影响[J]. 中国农业科学,2004,37(5):711-716.

刘飞,陆林. 采煤塌陷区的生态恢复研究进展[J]. 自然资源学报,2009,24(4):613-620.

刘慧辉,胡春元,杨茂,等. 神东矿区人工林施肥试验效果研究[J]. 内蒙古农业大学学报,2008,29(4):102-109.

刘丽平,孟亚利,杨佳蒴,等. 不同施钾处理对棉田土壤钾素形态与土壤肥力的影响[J]. 水土保持学报,2014,28(2):138-142.

刘鹏,刘训理. 中国微生物肥料的研究现状及前景展望[J]. 农学学报,2013,3(3):26-31.

刘淑英. 有机无机肥配施对灌耕灰钙土碱性磷酸酶和土壤磷素的影响[J]. 土壤通报,2011,42(3):670-675.

刘学军,赵紫娟,巨晓棠,等. 基施氮肥对冬小麦产量、氮肥利用率及氮平衡的影响[J]. 生态学报,2002,22(7):1067-1073.

刘玉涛. 旱地玉米施用有机肥的定位研究[J]. 玉米科学,2003,11(2):86-88.

龙健,黄昌勇,滕应,等. 红壤矿区复垦土壤的微生物生态特征及其稳定性恢复研究Ⅱ. 对土壤微生物生态特征和群落结构的影响[J]. 应用生态学报,2004,15(2):237-240.

鲁叶江,李树志,张春娜. 东部平原矿区不同培肥处理对复垦土壤特性的影响[J]. 中国农学通报,2012,28(05):221-225.

罗明,王军. 公众全程参与科技动态监测——澳大利亚土地复垦的经验与启示[J]. 资源导刊:行政综合版,2013(5):44-45.

罗明,文启凯,陈全家,等. 不同用量的氮磷化肥对棉田土壤微生物区系及活性的影响[J]. 土壤通报,2000,31(2):66-71.

吕焕哲,张建新,胡姝芳,等. 灰色关联分析在土地复垦耕地质量评价中的应用[J]. 农业现代化研究,2009,30(5):591-594.

吕鹏,张吉旺,刘伟,等. 施氮量对超高产夏玉米产量及氮素吸收利用的影响[J]. 植物营养与肥料学报,2011,17(4):852-860.

马晓霞,王莲莲,黎青慧,等. 长期施肥对玉米生育期土壤微生物量碳氮及酶活性的影响[J]. 生态学报,2012,32(17):5502-5511.

孟凯,张兴义,隋跃宇,等．黑土农田水肥条件对作物产量及水分利用效率的影响[J]. 中国农业生态学报,2005,13(2):199-121.

孟瑶,徐凤花,孟庆有,等．中国微生物肥料研究及应用进展[J]. 中国农学通报,2008,24(6):276-283.

裴建军,闫立宏．山西矿业发展与生态环境法律保护[J]. 中共山西省委党校学报,2012,35(1):94-96.

彭畅,刘晓斌,尹彩侠,等．不同形态氮肥及其运筹对春玉米产量和农艺性状的影响[J]. 核农学报,2013,27(4):509-514.

乔志伟,洪坚平,谢英荷,等．石灰性土壤拉恩式溶磷细菌的筛选鉴定及溶磷特性[J]. 应用生态学报,2013,24(8):2294-2300.

乔志伟,李金岚,洪坚平,等．矿区塌陷复垦地土壤养分及酶活性的变化[J]. 山西农业科学,2011,39(1):38-42.

郄瑞卿,崔宝华,关侠．建筑用石灰岩矿土地复垦综合效益评价[J]. 吉林农业大学学报,2014,36(4):494-499.

秦嘉海．生活垃圾复混肥对牧草鲁梅克斯酸模的肥效研究[J]. 土壤通报,2005,36(1):68-71.

秦嘉海,刘金荣,谢晓蓉,等．有机无机垃圾复混肥对土壤理化性质与小麦产量的影响[J]. 中国生态农业学报,2006,14(3):40-42.

秦俊梅,王改玲．不同培肥对煤矿区复垦土壤酶活性及微生物量碳、氮的影响[J]. 水土保持学报,2014,28(6):206-210.

任俊莉,孙润仓,刘传富．蔗渣可再生资源的最新利用进展[J]. 中国糖料,2006(2):55-57.

任顺荣,邵玉翠,杨军．宅基地复垦土壤培肥效果研究[J]. 水土保持学报,2012,26(3):78-83.

任小龙,贾志宽,丁瑞霞,等．我国旱区作物根域微集水种植技术研究进展及展望[J]. 干旱地区农业研究,2010,28(3):83-89.

荣勤雷,梁国庆,周卫,等．不同有机肥对黄泥田土壤培肥效果及土壤酶活性的影响[J]. 植物营养与肥料学报,2014,20(5):1168-1177.

邵丽,谷洁,张社奇,等．生物复混肥对土壤微生物群落功能多样性和微生物量的影响[J]. 中国生态农业学报,2012,20(6):746-751.

邵丽,谷洁,张社奇,等．生物复混肥对土壤微生物功能多样性及土壤酶活性的影响[J]. 农业环境科学学报,2012,31(6):1153-1159.

申梦思．矿区环境保护与可持续发展研究:土地复垦管理制度的完善与实施

[J]. 产业与科技论坛,2012(19):44-45.

史江涛,张爱国. 山西省汾阳市龙山煤矿土地复垦效益分析[J]. 太原师范学院学报(自然科学版),2013,12(3):138-141.

石书静,李惠卓. 我国煤矿区土地复垦现状研究[J]. 安徽农业科学,2010(10):5262-5263.

苏丽影,宋述尧,赵春波,等. 玉米秸秆复配基质对茄子幼苗生长和光合参数的影响[J]. 中国蔬菜,2013(10):64-70.

苏尚军,张强,张建杰. 工矿区土地复垦与生态重建管理信息系统研发进展[J]. 山西农业科学,2011,39(5):446-449.

孙海运,李新举,胡振琪,等. 马家塔露天矿区复垦土壤质量变化[J]. 农业工程学报,2008,24(12):205-209.

孙婧,田永强,高丽红,等. 秸秆生物反应堆与菌肥对温室番茄土壤微环境的影响[J]. 农业工程学报,2014,30(6):153-162.

孙美琴,彭超英. 甘蔗制糖副产品蔗渣的综合利用[J]. 中国糖料,2003(2):58-60.

孙瑞莲,赵秉强,朱鲁生. 长期定位施肥对土壤酶活性的影响及其调控土壤肥力的作用[J]. 植物营养与肥料学报,2003,9(4):406-410.

孙薇,钱勋,付青霞,等. 生物有机肥对秦巴山区核桃园土壤微生物群落和酶活性的影响[J]. 植物营养与肥料学报,2013,19(5):1224-1233.

孙文涛,宫亮,包红静,等. 不同有机无机配比对玉米产量及土壤物理性质的影响[J]. 中国农学通报,2011,27(3):80-84.

汤文光,肖小平,唐海明,等. 长期不同耕作与秸秆还田对土壤养分库容及重金属 Cd 的影响[J]. 应用生态学报,2015,26(1):168-176.

田昌玉,左余宝,赵秉强,等. 解释与改进差减法氮肥利用率的计算方法[J]. 土壤通报,2010,41(5):1257-1261.

田亨达,张丽,张坚超,等. 施用有机无机复混肥对太湖平原乌泥土稻麦生长的影响[J]. 南京农业大学学报,2012,35(1):69-74.

滕应,黄昌勇,骆永明,等. 铅锌银尾矿区土壤微生物活性及其群落功能多样性研究[J]. 土壤学报,2004,41(1):114-119.

万忠梅,吴景贵. 土壤酶活性影响因子研究进展[J]. 西北农林科技大学学报(自然科学版),2005,33(6):87-92.

王豹祥,李富欣,张朝辉,等. 应用 PGPR 菌肥减少烤烟生产化肥的施用量[J]. 土壤学报,2011,48(4):813-822.

王春春，黄山，邓艾兴，等．东北雨养农区气候变暖趋势与春玉米产量变化的关系分析．玉米科学，2010，18(6)：64-68.

王春虎，陈士林，董娜，等．华北平原不同施氮量对玉米产量和品质的影响研究[J]．玉米科学，2009，17(1)：128-131.

王飞，赵立欣，沈玉君，等．华北地区畜禽粪便有机肥中重金属含量及溯源分析[J]．农业工程学报，2013，29(19)：202-208.

王家顺，赵承，陆引罡．生物有机无机复混肥的养分释放特征研究[J]．中国土壤与肥料，2010(1)：49-53.

王建英．浅谈复混肥料的发展及检测[J]．现代经济信息，2014，16(1)：398-400.

王江丽，李为，严波，等．棉秆沼气发酵潜力的研究[J]．浙江农业科学，2009(1)：183-186.

王进军，柯福来，白鸥，等．不同施氮方式对玉米干物质积累及产量的影响[J]．沈阳农业大学学报，2008，39(4)：392-395.

王金满，白中科，崔艳，等．干旱戈壁荒漠矿区破坏土地生态化复垦模式分析[J]．资源与产业，2010，12(2)：83-88.

王玲敏，叶优良，陈范骏，等．施氮对不同品种玉米产量、氮效率的影响[J]．中国生态农业学报，2012，20(5)：529-535.

王美，李书田．肥料重金属含量状况及施肥对土壤和作物重金属富集的影响[J]．植物营养与肥料学报，2014，20(2)：466-480.

王世东，郭徵，陈秋计，等．基于极限综合评价法的土地复垦适宜性评价研究与实践[J]．测绘科学，2012，37(1)：67-71.

王守红，张家宏，寇祥明，等．用生活污泥生产的有机无机复混肥在西红柿上的应用效果[J]．江西农业学报，2010，22(11)：117-118.

王爽，孙磊，陈雪丽，等．不同施氮水平对玉米产量、氮素利用效率及土壤无机氮含量的影响[J]．生态环境学报，2013，22(3)：387-391.

王晓凤，成杰民，王倩．有机-无机复混肥对番茄产量和品质的影响[J]．环境科学与管理，2011，36(6)：110-12.

王晓娟，贾志宽，梁连友，等．旱地有机培肥对玉米产量和水分利用效率的影响[J]．西北农业学报，2009，18(2)：93-97.

王晓玲．不同培肥措施对复垦土壤肥力及玉米生长的影响[D]．山西农业大学硕士学位论文，2014.

王晓龙，胡峰，李辉信，等．红壤小流域不同土地利用方式对土壤微生物量碳氮的影响[J]. 农业环境科学学报,2006,25(1):143-147.

王晓洋,陈效民,李孝良,等. 不同肥料与石膏配施对滨海盐渍土养分的培肥效果评价[J]. 土壤通报,2013,44(1):149-154.

王洋,李东波,齐晓宁,等. 不同氮、磷水平对耐密型玉米籽粒产量和营养品质的影响[J]. 吉林农业大学学报,2006,28(2):184-188.

王宜伦,韩燕来,张许,等. 氮磷钾配比对高产夏玉米产量、养分吸收积累的影响[J]. 玉米科学,2009,17(6):88-92.

王永生,黄剑,杨世琦. 宁夏黄灌区稻秆还田对硝态氮流失量的影响[J]. 农业环境科学学报,2011,30(4):697-703.

王允青,郭熙盛. 精制有机肥与化肥配合施用对专用小麦产量的影响[J]. 河北农业科学,2008,12(5):50-51.

王占军,许皞,石鹤飞,等. 石灰岩露天采石矿区土地农用复垦类型划分研究[J]. 土壤通报,2014,45(3):531-536.

王珍,冯浩,吴普特,等. 土壤扩蓄增容肥对春玉米产量及水分利用效率的影响[J]. 农业工程学报,2009,11(25):114-119.

魏巍,许艳丽,朱琳,等. 长期施肥对黑土农田土壤微生物群落的影响[J]. 土壤学报,2013,50(2):373-380.

魏远,顾红波,薛亮,等. 矿山废弃地土地复垦与生态恢复研究进展[J]. 中国水土保持科学,2012,10(2):107-114.

吴迪,赵华,李钢. 煤炭开采外部性损失及复垦隐性效益研究[J]. 湖北农业科学,2014(1):222-227.

吴金水,林启美,黄巧云,等. 土壤微生物生物量测定方法及其应用[M]. 北京:气象出版社,2006:55-59,68-69,71,137.

武瑞平. 风化煤腐殖酸对重金属铅污染土壤修复作用的研究[D]. 山西大学硕士论文,2010.

夏栋,夏振尧,赵自超,等. AB菌生物有机肥对土壤生物特征和肥力的影响[J]. 中国农学通报,2012,28(23):214-219.

夏雪,谷洁,高华,秦清军有机肥无机肥配施对玉米生长期土壤水解酶活性的影响[J]. 干旱地区农业研究,2010,28(2):38-42.

肖新,朱伟,肖靓,等. 适宜的水氮处理提高稻基农田土壤酶活性和土壤微生物量碳氮[J]. 农业工程学报,2013,29(21):91-98.

谢林花,吕家珑,张一平. 长期不同施肥对石灰性土壤微生物磷及磷酸酶的影响[J]. 生态学杂志,2004,23(4):65-68.

谢少兰．挤压造粒生产有机无机复混肥的工艺技术[J]．磷肥与复肥，2010，25(4)：52-54.

邢倩，谷艳芳，高志英，等．氮、磷、钾营养对冬小麦光合作用及水分利用的影响[J]．生态学杂志，2008，27(3)：355-360.

信乃诠．中国北方旱区农业研究[M]．北京：中国农业出版社，2002：567-569.

徐凤琴．有效降水量浅析[J]．水文，2009：3，96-100.

徐秋桐，张莉，章明奎．不同有机废弃物对土壤磷吸附能力及有效性的影响[J]．农业工程学报，2014，30(22)：236-244.

许小伟，樊剑波，陈晏，等．有机无机肥配施对红壤旱地花生生理特性、产量及品质的影响[J]．土壤学报，2015，52(1)：174-182.

闫双堆，卜玉山，刘利军，等．污泥垃圾复混肥对油菜及土壤的影响[J]．土壤学报，2006，43(3)：524-526.

闫治斌，秦嘉海，张红菊，等．固体废弃物堆肥还田对制种玉米田理化性质和玉米产量及经济效益的影响[J]．土壤通报，2011，42(6)：1314-1318.

杨渤京，王洪涛．农业固体废物堆肥生产复混肥的工艺试验研究[J]，2006，27(7)：1464-1468.

杨朝飞．加强禽畜粪便污染防治迫在眉睫[J]．环境保护，2001，2：32-35.

杨大兵，张文新，姚清．基于GIS的采煤塌陷区土地复垦评价系统研究[J]．金属矿山，2011，424(10)：144-148.

杨柳，雍毅，叶宏，等．四川典型养殖区猪粪和饲料中重金属分布特征[J]．环境科学与技术，2014，37(9)：99-103.

杨阳，吴左娜，张宏坤，等．不同培肥方式对盐碱土脲酶和过氧化氢酶活性的影响[J]．中国农学通报，2013，29(15)：84-88.

姚晓旭，于海秋，曹敏建．氮、钾肥运筹对超高产玉米干物质积累和产量的影响[J]．华北农学报，2009，24(增刊)：176-178.

余江敏，李伏生，雷文杰，等．根区局部灌溉和有机无机氮比例对玉米水分利用和土壤氮磷含量的影响[J]．土壤通报，2011，42(1)：22-25.

于晓彩，王恩德，王武名，等．粉煤灰微生态复混肥的制备与研究[J]．环境污染治理技术与设备，2006，7(11)：54-57.

袁丽峰，黄腾跃，王改玲，等．腐殖酸及腐殖酸有机肥对玉米养分吸收及肥料利用率的影响[J]．中国农学通报，2014，30(36)：98-102.

岳麟，张旭武．世界水平的煤矸石利用项目在山西投产[N]．中国能源报，2009-10-26.

曾庆利，龚春华，鲁艳红，等．有机肥和化肥长期配施对油稻稻三熟制作物农艺性状及产量的影响[J]．湖南农业科学，2009(12)：47-50.

战秀梅，韩晓日，杨劲峰，等．不同氮、磷、钾肥用量对玉米源、库干物质积累动态变化的影响[J]．土壤通报，2007，38(3)：495-499.

张彬，白震，解宏图，等．保护性耕作对黑土微生物群落的影响[J]．中国生态农业学报，2010，18(1)：83-88.

张成德．2001—2002年山西经济社会发展蓝皮书[M]．太原：山西人民出版社，2002.

张春，刘党．与有机肥配施对小麦光合作用及产量和品质的影响[J]．植物营养与肥料学报，2007，13(4)：543-547.

张春波，尚伟来，邹文武．有机-无机复混肥料的生产工艺及检测方法[J]．磷肥与复肥，2003，18(5)：43-44.

张冬梅，池宝亮，张伟，等．不同降水年型施肥量对旱地玉米生长及水分利用效率的影响[J]．西北农业学报，2012，21(7)：84-90.

张弘，白中科，王金满，等．矿山土地复垦公众参与内在机制及其利益相关者分析[J]．中国土地科学，2013(8)：81-86.

张焕军，郁红艳，丁维新．长期施用有机无机肥对潮土微生物群落的影响[J]．生态学报，2011，31(12)：3308-3314.

张娟，沈其荣，冉讳，等．施用预处理稻托对土壤供氮特征及菠菜产量和品质的影响[J]．土壤，2004，36(1)：37-42.

张雷，牛芬菊，李小燕，等．旱地全膜双垄沟播秋覆膜对玉米产量和水分利用率的影响[J]．中国农学通报，2010，26(22)：142-145.

张俊丽，高博，温晓霞，等．不同施氮措施对旱作玉米地土壤酶活性及 CO_2 排放量的影响[J]．生态学报，2012，32(19)：6147-6154.

张乐．我国矿区土地复垦法律法规研究[D]．西安建筑科技大学硕士学位论文，2010.

张乃明，武雪萍，谷晓滨，等．矿区复垦土壤养分变化趋势研究[J]．土壤通报，2003，34(1)：58-60.

张淑娟，王立，马放，等．菌肥及其与氮磷配施对水稻生产及分配的影响[J]．哈尔滨工业大学学报，2012，44(6)：33-36.

张熙，董海兵，丁琰．农业开发与装备，2014，10：21-22.

张小莉，孟琳，王秋君，等．不同有机无机复混肥对水稻产量和氮素利用率的影响[J]．应用生态学报，2009，20(3)：624-630.

张雪，王立，马放，等．生物肥氮肥耦合对水稻资源利用的影响[J]．哈尔滨工业大学学报，2012，44(8)：39-42.

张彦东，孙志虎，沈有信，等．施肥对金沙江干热河谷退化草地土壤微生物的影响[J]．水土保持学报，2005，19(2)：88-91.

张玉平，刘强，荣湘民，等．有机无机肥配施对双季稻田土壤养分利用与渗漏淋失的影响[J]．水土保持学报，2012，26(1)：22-27.

章如芹，徐良骥，黎炜，等．煤矸石复垦地土壤质量变化研究[J]．安徽地质，2013，23(4)：299-303.

赵定国，陆铭昌．有机肥在有机无机复混肥中的效果[J]．磷肥与复肥，2004，19(2)：17-21.

赵庚星，王可涵，史衍玺．煤矿塌陷地复垦模式及综合开发技术研究[J]．中国土地科学，2000，4(5)：42-44.

赵兰凤，李华兴，缎武龙，等．生物复混肥施用量对土壤养分及作物生长的影响[J]．土壤，2009，41(2)：245-252.

赵兰凤，李华兴，刘远金，等．生物复混肥施用量对土壤微生物的影响[J]．华南农业大学学报，2008，29(3)：6-10.

赵先丽，吕国红，于文颖，等．辽宁省不同土地利用对土壤微生物量碳氮的影响[J]．农业环境科学学报，2010，29(10)：1966-1970.

赵燕．我国玉米高产栽培农艺措施研究进展[J]．现代农业科技，2010(23)：46-50.

赵永英．工厂化育苗基质筛选——以不同氮源为肥源的花生壳腐熟理化性质变化及其对番茄幼苗的影响[J]．河南农业大学，2003.

赵伟，梁斌，周建斌．施^{15}N标记氮肥在长期不同培肥土壤的残留及其利用[J]．土壤学报，2015，52(3)：587-596.

赵陟峰，王冬梅，赵廷宁．保水剂对煤矸石基质上高羊茅生长及营养吸收的影响[J]．生态学报，2013，33(16)：5101-5108.

郑洪兵，齐华，刘武仁，等．不同施氮水平下郑单958和先玉335产量特征比较研究[J]．玉米科学，2013，21(5)：117-119，126.

钟华平，岳燕珍，樊江文．中国作物秸秆资源及其利用[J]．资源科学，2003，25(4)：62-67.

邹德乙，韩晓日．棕壤连续施用钾肥对玉米籽粒蛋白质及氨基酸影响的研究[J]．土壤通报，1997，28(1)：28-30.

周怀平，杨治平，李红梅．施肥和降水年型对旱地玉米产量及水分利用的影响

[J]. 农业工程学报,2003,19(增刊):151-155.

周立峰,冯浩. 新型有机无机复合肥对冬小麦水肥利用效率的影响[J]. 节水灌溉,2011,10:5-9.

周伟,曹银贵,白中科,等. 煤炭矿区土地复垦监测标探讨[J]. 中国土地科学,2012,26(11):68-73.

周妍,周伟,白中科. 矿产资源开采土地损毁及复垦潜力分析[J]. 资源与产业,2013,15(5):100-107.

朱平,彭畅,高洪军,等. 长期培肥对土壤肥力及玉米产量的影响[J]. 玉米科学,2009,17(6):105-108,111.

祖刚,高鸿雁. 世界玉米种植、加工技术发展趋势研究[J]. 北方经济,2004(3):20-22.

Anonym. Fertilized to death[J]. Nature,2003,425:894-895.

Alvarez C R, Alvarez R. Short-term effects of tillage systems on active soil microbial biomass[J]. Biology and Fertility of Soils,2000,31(2):157-161.

Anna M. Stefanowicz, Paweł Kapusta, Grażyna Szarek-Łukaszewska, et al. Soil fertility and plant diversity enhance microbial performance in metal-polluted soils. Science of the Total Environment,2012,439:211-219.

Anonym. Fertilized to death[J]. Nature,2003,425:894-895.

Ashim Datta, Nirmalendu Basak, S. K. Chaudhari, et al. Soil properties and organic carbon distribution under different land uses in reclaimed sodic soils of North-West India Geoderma Regional,2015,4:134-146.

Ashton M S, Gunatilleke C V S, Singhakumara B M P, et al. Restoration pathways for rain forest in southwest SriLanka: a review of concepts and models [J]. Forest Ecology and Management,2001,154(3):409-430.

Bååth E, Anderson T H. Comparison of soil fungal/bacterial ratios in a pH gradient using physiological and PLFA-based techniques[J]. Soil Biology and Biochemistry,2003,5(7):955-963.

Bardgett R D, Lovell R D, Hobbs P J, et al. Seasonal changes in soil microbial communities along a fertility gradient of temperate grasslands[J]. Soil Biology and Biochemistry,1999,31(7):1021-1030.

Barea J M. Interactions between mycorrhizal fungi and rhizosphere micro-organism swith in the context of sustainable soil-plant system. In: Gange Brown ed. Multitrophic Interactions in Terrestrial systems[J]. Oxford: Blackwell Science

Ltd,1997:196-198.

Bendfeldt E S,Burger J A,Daniels W L. Quality of amended mine soils after sixteen years[J]. Soil Science Society of America Journal,2001,65:1736-1744.

Benjamin L. Turner,Andrew W. Britow,Philip M. Haygtarth. Rapid estimation of microbial biomass in grassland[J]. Soil Biology & Biochemistry,2001,33:913-919.

Bhoopander G,Rupam K,Mukerji K G. Effect of the arbuscular mycorrhzae Glomus fasciculatum and G. macrocarpum on the growth and nutrient content of Cassia siamea[J]. New Forests,2005,29:63-73.

Bi Y L,Hu Z Q,Si J T. Effects of A rbuscular Mycorrhizal fungi on nutrient uptake of maize in reclaimed Soil[J]. Journal of China,2002,31(3):252-257.

Bligh E G,Dyer W J. A rapid method of total lipid extraction and purification [J]. Canadian journal of biochemistry and physiology,1959,37:911-917.

Brookes P C, Grath S P. Effects of metal toxicity on the size of the soil microbial biomass[J]. Soil Sci,1984,35:341-346.

Call C A,Davies F T. Effects of vesicular-arbuscular mycorrhizae on survival and growth of perennial grasses in lignite overburden in Texas[J]. Agriculture Ecosystems and Environment,1988,24(4):395-405.

Carter M,Gregorich E,Angers D,et al. Interpretation of microbial biomass measurements for soil quality assessment in humid temperate regions. Canadian Journal of Soil Science,1999,79(4):507-520.

Casado-Vela J, Sellés S, Díaz-Crespo C, et al. Effect of composted sewage sludge application to soil on sweet pepper crop (*Capsicum annuum* var. annuum) grown under two exploitation regimes[J]. Waste Manage,2007,27:1509-1518.

Catherine Neel, Hubert Bril, Alexandra Courtin-Nomade, et al. Factors affecting natural development of soil on 35-year-old sulphide-rich mine tailings [J]. Geoderma,2003,1111:1-20.

Chandar K,Brookes P C. Microbial biomass dynamics during the decomposition of glucose and maise in metal contaminatedant noncontamintedand soils [J]. Soil Biol Biochem,1991,23:917-925.

Chen Miao, Cui Yanshan. A review on the resource and bioavailability of heavy metals in biogas fertilizer from the manure of livestock[J]. Chinese Journal of Soil Science,2012,43(1):249-255. (In Chinese with English abstract)

Chen X, Yang L B, Wang J C, et al. Effect of sewage sludge compost application on heavy metals accumulation in soil and wheat shoots [J]. Chin. Agric. Sci. Bull, 2010, 26(8): 278-283.

Cheng X Y, Wang D M, Qiao Y H. Analyze on the heavy metals content in China commodity organic fertilizer [J]. Environmental Pollution and Control, 2012, 34(2): 72-76. (in Chinese with English abstract)

Chu C W, Poon C S. The feasibility of planting on stabilized sludge-amended soil[J]. Environment International, 1999, 25: 465-477.

Clegg C D, Ritz K, Griffiths B S. G+C profiling and cross hybridisation of microbial DNA reveals great variation in below-ground community structure in UK upland grasslands[J]. Applied Soil Ecology, 2000, 14(2): 125-134.

Cobby G. Review of Environmental Performance Bonds in Western Australia Department of Industry and Resources[J]. Western Australia, 2006: 10.

Cook T E, Ammons J T, Branson J L, et al. Copper mine tailings reclamation near Ducktown, Tennessee. In: Daniels W L, Richardson S G, editors. Proceedings of 2000 annual meeting of the American Society for surface mining and reclamation. Tampa, FL, June 11-15, 2000. Amer. soc. surf. mining rec. , 3134Montavesta Rd. , Lexington, KY; 2000: 529-536.

Cuenca G, Andrade Z D, Escalante G. Arbuscalar mycorrhizae in the rehabilitation of fragile degraded tropical lands[J]. Biology and Fertility of Soils, 1998, 26(2): 107-111.

Curtis T P, Sloan W T. Exploring microbial diversity-A vast below. Science, 2005, 309(5739): 1331-1333.

Daft M J, Hacskaylo E. Arbuscular mycorrhizas in the anthracite and bituminous coal wastes of Pennsylvania [J]. Journal of Applied Ecology, 1976, 13: 523-531.

Daft M J, Hacskaylo E. Growth of endomycorrhizal and non-mycorrhizal red maole seddlings in sand and anthracite spoil [J]. Forest Science, 1977, 23: 207-216.

Danial L. Mummey, Peter D. Stahl, Jeffrey S. Buyer. Soil microbiological properties 20 years after surface mine reclamation: spatial analysis of reclaimed and undisturbed sites[J]. Soil Biology & Bilchemistry, 2002, 34: 1717-1725.

Daniel R. The metagenomics of soil[J]. Nature Reviews Microbiology, 2005,

3(6):470-478.

Daniels W L,Haering K C. Use of sewage sludge for land reclamation in the central Appalachians. In: Clapp C E, Larcen W E, Dowdy R H, editors. Sewage sludge: land utilization and the environment. SSSA. Misc. Publ. ASA, CSSA, and SSSA, Madison, WI, 1994:105-121.

Demoling F,Nilsson L O,Baath E. Bacterial and fungal response to nitrogen fertilization in three coniferous forest soils[J]. Soil Biology Biochemistry,2008,40(2):370-379.

Deng X P, Shan L, Zhang H P, et al. Improving agricultural water use efficiency in arid and semiarid areas of China[J]. Agric Water Manage, 2006, 80: 23-40.

DICK P. Soil enzyme activities as indicators of soil quality[M]. In:DORAN J W,COLEMAN D C, BEZDICEK D F, STEWART B A. (eds), Defining Soil Quality for a Sustainable Environment,Soil Science Society of America,Madison, 1994:107-124.

Dodd J C, Boddington C L, Rodriguez A, et al. Mycelium of arbuscular mycorrhizal fungi (AMF)from different genera:form,function and detection [J]. Plant and Soil,2000,226(2):131-151.

Donald N. Duvick. The Contribution of Breeding to Yield Advances in maize [J]. Advances in Agronomy,2005,86:83-145.

Doran J W, Sarrantonio M, Liebig M A. Soil health and sustainability [J]. Advances in Agronomy,1996,56:1-54.

Fedi S, Tremaroli V, Scala D, et al. T-RFLP analysis of bacterial communities in cyclodextrin-amended bioreactors developed for biodegradation of polychlorinated biphenyls[J]. Research in Microbiology,2005,156(2):201-210.

Feng G,Zhang Y F,Li X L. Effect of external hyphae of arbuscular mycorrhizal plant on water-stable aggregates in sandy soil[J]. Journal of Soil and Water Conservation,2001,15(4):99-102.

Findlay R. The use of phospholipid fatty acids to determine microbial community structure// Akkermanns A D L,Elsas J D,van de Bruijn F,eds. Molecular Microbial Ecology Manual[J]. Dordrecht: Kluwer Academic Publishers, 1996: 1-17.

Franciska T de V,Ellis H,Lijbert B,et al. Fungal/bacterial ratios in grasslands with contrasting nitrogen management[J]. Soil Biology and Biochemistry, 2006,38:2092-2103.

Frost S M, Stahl D D, Williams S E. Long-term reestablishment of arbuscular mycorrhizal fungi in a drastical disturbed semiarid surface mine soil [J]. Arid Land Research and Management,2001,15(1):3-9.

Fujie K,Hu H Y,Tanaka H,Urano K,et al. Analysis of respiratory quinones in soil for characterization of microbiota[J]. Soil Science and Plant Nutrition, 1998,44(3):393-404.

Gans J, Wolinsky M, Dunbar J. Computational improvements reveal great bacterial diversity and high metal toxicity in soil[J]. Science, 2005, 309(5739): 1387-1390.

GARLAND J L. Patterns of potential C source utilization by rhizosphere communities[J]. Soil Biology and Biochemistry,1996a,28:213-230.

Genter C F, Eheart J F, Linkous W N. Effects of location, hybrid, fertilizer and rate of planting on the oil and protein contents of corn grain[J]. Agronomy Journal,1956,48:63-67.

Gray C W,Moot D J,McLaren R G,et al. Effect of nitrogen fertilizer applications on cadmium concentrations in durum wheat (Triticum turgidum)grain [J]. New Zealand. J. Crop Horticultur. Sci.,2002,30(4):291-299.

Hackett G A R,Easton C A,Duff S J B. Composting of pulp and paper mill fly ash with wastewater treatment sludge[J]. Bioresour. Tech,1999,70:217-224.

Hamby D M. Site remediation techniques supporting environmental restoration activities: a review[J]. Science of The Total Environment, 1996, 191(3): 203-224.

Handelsman J. Metagenomics: application of genomics to uncultured microorganisms[J]. Microbiology and Molecular Biology Reviews, 2004, 68(4): 669-685.

Hiraishi A. Respiratory quinone profiles as tools for identifying different bacterial populations in activated sludge[J]. The Journal of General and Applied Microbiology,1988,34(1):39-56.

Jiao W T,Chen W P,Chang A C,et al. Environmental risks of trace elements associated with long-term phosphate fertilizers applications: A review [J]. Environ. Pollute,2012,168:44-53.

Juwarkar A A, Singh S K, Devotta S. Revegetation of mining wastelands with economically important species through biotechnological interventions[C]// Proceedings of the International Symposium Environmental Issues of Mineral Industry, Mintech, India, 2006: 207-216.

Kaur K, Kapoor K K, Gupta A P. Impact of organic manures with and without mineral fertilizers on soil chemical and biological properties under tropical conditions[J]. Journal of Soil Science and Plant nutrition, 2005, 168: 117-122.

Kirk J L, Beaudette L A, Hart M, et al. Methods of studying soil microbial diversity[J]. Journal of Microbiological Methods, 2004, 58(2): 169-188.

Krolikowska K, Dunajski A, Magnuszewski P, et al. Institutional and environmental issues in land reclamation systems maintenance[J]. Environmental Science & Policy, 2009, 12(8): 1137-1143.

Krystyna M S. Reuse of coal mining wastes in civil engineering: Part 2: Utilization of minestone[J]. Waste Management, 1995, 15(2): 83-126.

Kuipers J R, Carlson C. Hardrock reclamation bonding practices in the western United States[M]. National Wildlife Federation, 2000.

Lal R. World crop residues production and implications of its use as a biofuel [J]. Environment International, 2005, 31: 575-584.

Lechevalier M P. Lipids in bacterial taxonomy. In: O'Leary, W. M. (ed.) Practical handbook of microbiology[M]. Boca Raton: CRC, 1989.

Lehman R M, Colwell F S, Ringlberg D B, et al. Combined microbial community-level analyses for quality assurance of terrestrial subsurface cores[J]. Journal of Microbiological Methods, 1995, 22: 263-281.

Li F, Qian Q F. Advances in pollution of heavy metals in soil[J]. Anhui Agric. Sci. Bull., 2011, 17(10): 80-82.

Li R S, Daniels W L. Reclamation of coal refuse with a papermill sludge amendment. In: Brandt JE, et al. (ed.) Proc. 1977 National Meeting of the American Society for Surfke Mining and Reclamation, Austin, Texas, May 10-15, 1977: 277-290.

Li X L, Ziadi N, Be'langer G, et al. Cadmium accumulation in wheat grain as affected by mineral N fertilizer and soil characteristics [J]. Can. J. Soil Science, 2011, 91: 521-531.

Li X Y, Gong J D. Effects of different ridge furrow ratios and supplemental irrigation on crop production in ridge and furrow rainfall harvesting system with mulches. Agricultural Water Management,2002,54:243-254.

Liang L N,Huang Y X,Yang H F,et al. Effects of farmLand application of sewage sludge on crop yields and heavy metal accumulation in soil and crop [J]. Trans. Chin. Soc. Agric. Eng.,2009,25(6):81-86.

Liu E K,Yan C R,Mei X R,et al. Long-term effect of chemical fertilizer, straw,and manure on soil chemical and biological Properties in northwest China [J]. Geoderma,2010,158:173-180.

Liu E K,Zhao B Q,Mei X R,et al. Effects of no-tillage management on soil biochemical characteristics in northern China[J]. Journal of Agricultural Science, 2010,148(2):217-223.

Liu J H,Wang Z M,Li L J,et al. Higher-yield is key technical method of maintaining future food security in China[J]. Res. Agric. Modern,2003,24(3): 161-165.

Liu R J,Li M,Liu X Z,et al. Effect of arbuscular mycorrhizal fungal inoculation and N P K fertilization on improving spoiled soil in brickfiled [J]. Agricultural Research in the Arid Areas,1999,17(3):46-50.

Loree M A,Williams S E. Vesicular-arbuscular mycorrhizae and severe land disturbance. VA Mycorrhizae and Reclaimation of Arid and Semi-arid Lands [J]. Williams S E,Allen M R. Wyoming Agriculture Expt,1984:1-14.

Lorenz K,Lal R. Stabilization of organic carbon in chemically separated pools in reclaimed coal mine soils in Ohio. Geoderma Direct,2007,141:294-301.

Lottermoser B G, Munksgaard N C, Daniell M. Trace element uptake by Mitchell grasses grown on mine wastes,Cannington Ag-Pb-Zn mine,Australia: implications for mined land reclamation[J]. Water,air,and soil pollution,2009, 203(1-4):243-259.

Lovell R D,Jarvis S C,Bardgett R D. Soil microbial biomass and activity in long-term grassland:effects of management changes[J]. Soil Biology and Biochemistry,1995,27(7):969-975.

Marschner P, Kandeler E, Marschner B. Structure and function of the soil microbial community in a long-term fertilizer experiment[J]. Soil Biology and Biochemistry,2003,35:453-461.

Meidute S, Demoling F, Baath E. Antagonistic and synergistic effects of fungal and bacterial growth in soil after adding different carbon and nitrogen sources[J]. Soil Biology Biochemistry,2008,40(9):2334-2343.

Millares R,Beltrán E M,Porcel M A,et al. Emergence of six crops treated with fresh and composted sewage sludge from waste treatment plants [J]. Rev. Int. Contam. Ambient. 2002,18:139-146.

Morgan J A,Winstanley C. Microbial biomarkers//van Elsas J D,Trevors J T,Wellington E M,et al. Modern Soil Microbiology. New York:Dekker,1997:331-352.

Murata T,Takagi K,Yokoyama K. Relationship between soil bacterial community structure based on composition of fatty acid methyl esters and the amount of bacterial biomass in Japanese lowland rice fields[J]. Soil Biology and Biochemistry,2002,34(6):885-888.

Nannipieri P, Ascher J, Ceccherini MT, et al. Microbial diversity and soil functions[J]. European Journal of Soil Science,2003,54:655-670.

Nangia Vinay, Turral Hugh, Molden David. Increasing water productivity with improved N fertilizer management[J]. Irrigation and Drainage Systems, 2008,22(3-4):193-207.

Nicolson T H. Vesicular-arbuscular mycorrhiza-a universial plant sumbiosis [J]. Scientific Progress,1967,55:561-581.

Norland M R. Use of mulches and soil stabilizers for land reclamation. In: Barnhisel RI, Darmody RG, Daniels WL, editors. Reclamation of drastically disturbed lands. Agronomy, ASA, CSSA, SSSA, Madison, Wisconsin, USA; 2000,645-666.

Nouri J, Mahvi A H, Jahed G R, et al. Regional distribution pattern of groundwater heavy metals resulting from agricultural activities [J]. Environ. Geol.,2008,55:1337-1343.

Noyd R K,Pfleger F L,Norland M R. Field responses to added organic matter,arbuscular mycorrhizal fungi,and fertilizer in reclaimation of taconite iron ore tailing[J]. Plant and Soil,1996,179:89-97.

Pace N R. A molecular view of microbial diversity and the biosphere [J]. Science,1997,276(5313):734-740.

P.-A. Jacinthe, R. Lal. Spatial variability of soil properties and trace gas fluxes in reclaimed mine land of southeastern Ohio. Science Direct Geoderma,

2006,136:598-608.

Pan C M,Guo Q R,Qiu Q J. Effect of VAM fungus on the growth of corn and micro-ecological environment of corn rhizosphere[J]. Soil and Environmental Sciences,2000,9(4):304-306.

Pan W L,Camberato J J,Moll R H,et al. Altering source sink relationships in prolific maize hybrids:Consequences for nitrogen uptake and re-mobilization [J]. Crop Sci.,1995,35:836-845.

Pearson C J,Jacobs B C. Yield components and nitrogen partitioning of maize in response to nitrogen before and after an thesis[J]. Aust. J. Agric. Res.,1987, 38:1001-1009.

Perilli P,Mitchell L G,Grant C A,et al. Cadmium concentration in durum wheat grain (Triticum turgidum)as influenced by nitrogen rate,seeding date and soil type[J]. Sci. Food Agric.,2010,90:813-822.

Petersen S O,Klug M J. Effects of sieving,storage,and incubation temperature on the phospholipid fatty acid profile of a soil microbial community [J]. Applied and Environmental Microbiology,1994,60(7):2421-2430.

Philip W R Matthias C R,Kevin P F,et al. Mine waste contamination limits soil respiration rates: a case study using quantile regression [J]. Soil Biology &Biochemistry,2005,37:1177-1183.

Rogers M T, Bengson S A, Thompson T L. Reclamation of acidic copper mine tailings using municipal biosolids. In: Throgmorton D, Nawrot J, Mead J, Galetovic J,Joseph W,editors. Proceedings 1998:Mining:Gateway to the future. 15th annual meeting of the American society for surface mining and reclamation. St. Louis,Missouri,May 17-21,1998. The American Society for Surface Mining and Reclamation,1998:85-91.

Roldan A,Caravaca F,Hernandez MT,et al. No-tillage,crop residue additions,and legume cover crop-ping effects on soil quality characteristics under maize in Patzcuaro watershed (Mexico)[J]. Soil and Tillage Research,2003,72:65-73.

Roy S, Singh J S. Consequences of habitat heterogeneity for availability of nutrients in a dry tropical forest[J]. Journal of Ecology,1994,82:503-509.

Saha S,Gopinath K A,Mina B L,et al. Influence of continuous application of inorganic nutrients to a maize-wheat rotation on soil enzyme activity and grain quality in a rainfed Indian soil[J]. European Journal of Soil Biology,2008,44:521-531.

Saitou K, Nagasaki K, Yamakawa H, et al. Linear relation between the amount of respiratory quinones and the microbial biomass in soil[J]. Soil Science and Plant Nutrition,1999,45(3):775-778.

Scullion J,Malik A. Earthworm activity affecting organic matter,aggregation and microbial activity in soils restored after opencast mining for coal[J]. Soil Biology and Biochemistry,2000(32):119-126.

Shreyasi G C, Sonal S, Ranbir S, et al. Tillage and residue management effects on soil aggregation,organic carbon dynamics and yield attribute in rice-wheat cropping system under reclaimed sodic soil. Soil & Tillage Research,2014,136:76-83.

Chong S K,Cowsert PT. Infiltration in reclaimed mined land ameliorated with deep tillage treatments. Soil Tillage,1997,44:255-264.

Smith K P,Goodman R M. Host variation for interactions with beneficial plant-associated microbes. Annual Review of Histopathology, 1999, 37 (1): 473-491.

Song F Q,Yang G T,Meng F R. The rhizospheric of seedlings of Populus ussruiensis colonized by arbuscular mycorrhizal (AM) fungi[J]. Ecology and Environment,2004,13(2):211-216.

Steven D. Siciliano,Anne S. Palmer,Tristrom Winsley,et al. Soil fertility is associated with fungal and bacterial richness,whereas pH is associated with community composition in polar soil microbial communities. Soil biology Biochemistry,2014,78:10-20.

Sundh I,Borga P,Nilsson M,et al. Estimation of cell numbers of methanotrophic bacteria in boreal peatlands based on analysis of specific phospholipid fatty acids[J]. FEMS Microbiology Ecology,1995,18(2):103-112.

Tang X Y,Zhu Y G. Advances in vitro tests in evaluating bioavailability of heavy metals in contaminated soil via oral intake[J]. Journal of Environment and Health,2004,21(3):183-185.

Theron J,Cloete T E. Molecular techniques for determining microbial diversity and community structure in natural environments[J]. Critical Reviews in Microbiology,2000,26(1):37-57.

Thompson T L,Wald H M,White S A. Reclamation of copper mine tailings using biosolids and green waste. In:Vincent R,editor. Proceedings of 200:Land reclamation:a different approach. 18th annual meeting of the American society for surface mining and reclamation. Albuquerque, New Mexico, June 3-7, 2001. Amer. soc. surf. mining rec., 3134Montavesta Rd. ,Lexington,KY, 2001:448-456.

Torsvik V,Ovreas L. Microbial diversity and function in soil:from genes to ecosystems. Current Opinion in Microbiology,2002,5(3):2402-2451.

Troyer A F,Ambrose W B. Plant characteristics affecting field drying rate of ear corn[J]. Crop Science,1971,11:529-531.

Vinson J, Jones B, Milczarek M, et al. Vegetation success, seepage and erosion on tailing sites reclaimed with cattle and biosolids. In:Bengson SA,Bland DM,editors. Mining and reclamation for the next millennium:Proceedings of the 16th annual national meetings of the American society for surface mining and reclamation. The American society for surface mining and reclamation. Conference held on Aug 13-19,1999 in Scottsdale,Arizona,1999:175-183.

Wang S G,Hou Y L. Effect of diffusion of urea patch on microbial communities in soil[J]. Acta Ecologica Sinica,2004,24(10):2269-2274.

Wang X L,Jia Y,Li X G,et al. Effects of land use on soil total and light fraction organic and microbial biomass C and N in a Semi-arid ecosystem of northwest China[J]. Geoderma,2009,153(1/2):285-290.

Warkentin B P. The concept of soil quality[J]. Journal of Soil and Water Conservation,1995,50:226-228.

Webber L R. Incorporation of nonsegregated, noncomposted soil waste and soil physical properties[J]. Journal of Environmental Quality,1978,7:397-400.

White D C,Bobbie. Biochemical measurements of microbial mass and activity from environmental samples. In: Costerton, J. W., Colwell, R. R. (ed.) Native Aquatic Bacteria: Enumeration, Activity and Ecology: a Symposium [M]. Philadelphia:American Society for Testing and Materials,1979.

Winding A. Fingerprinting bacterial soil communities using biolog microtitre plates[C]//RITA K, Dighton J, Giller K E. Beyond the Biomass. New York: Wiley Sayce,1994:85-94.

Wolfram Dunger,Karin Voigtlander. Assessment of biological soil quality in wooded reclaimed mine sites[J]. Geoderma,2005,12(9):32-44.

Wong J W. The production of artificial soil mix from coal fly ash and sewage sludge[J]. Environ. Technol. ,1995,16:741-751.

Wong M H, Luo Y M. Land remediation and ecological restoration of mined land[J]. Acta Pedologica Sinica, 2003, 40(2): 161-169.

Wu J, Brookes P C. The proportional mineralisation of microbial biomass and organic matter caused by air-drying and rewetting of a grassland soil[J]. Soil Biology & Biochemistry, 2005, 37: 507-515.

Xing D F, Ren N Q. Common problems in the analyses of microbial community by denaturing gradient gel electrophoresis (DGGE)[J]. Acta Microbiologica Sinica, 2006, 46(2): 331-335.

Xun Y C, Shen Q R, Ran W. Effect of zero-tillage and application of manure on soil microbial biomass C, N and P. Acta Pedologica Sinica, 2002, 39(1): 89-96.

Yao K Y, Huang C Y. Soil Microbial Ecology and Experiment Technology [J]. Beijing: Science Press, 2006: 7-17.

Yao Q, Song J, Pan F J, et al. Application of phospholipid fatty acid (PL-FA) analysis in soil microbial diversity under different soil managements[J]. Soybean Science and Technology, 2012(2): 26-30.

Yu J D. Primary study of mycorrhiza used for reclamation in northwest [J]. Journal of Xi'an University of Science & Technology, 2000, 20 (supplement): 77-81.

Yusuf A A, Abaidoo R C, Iwuafor E N, et al. Rotation effects of grain legumes and fallow on maize yield, microbial biomass and chemical properties of an Allison in the Nigerian savanna[J]. Agriculture, Ecosystem and Environment, 2009, 129(1/3): 325-331.

Zelles L. Fatty acid patterns of phospholipids and lipopolysaccharides in the characterisation of microbial communities in soil: a review [J]. Biology and Fertility of Soils, 1999, 29(2): 111-129.

Zhang N L, Wan S Q, Li L H, et al. Impacts of urea N addition on soil microbial community in a semi arid temperate steppe in northern China[J]. Plant Soil, 2008, 311: 19-28.

Zhang W M, Ma Y Q. Field study on Vesicular-arbuscular mycorrhizae used in mine reclaimation[J]. Mine Metallurgy, 1996, 5(3): 17-21, 32.

Zheljazkov V D, Astatkie T, Caldwell C D, et al. Compost, manure, and gypsum application to timothy/red clover forage[J]. J. Environ. Qual, 2006, 35: 2410-2418.